职业教育创客教育系列教材

机械创客综合实训

主　编　刘　军　李　静　王云生
副主编　杨丽仙　张　丹
参　编　李满亮　刘晶玉　丛卫兵　陈　瑞

机械工业出版社

为贯彻国务院印发《国家职业教育改革实施方案》文件精神，落实“新型活页式、工作手册式”职业教育教材的类型要求，本书以能力本位、成果导向为理论支撑，充分体现职业教育的本质要求，是面向学生学习，校企双元合作开发的新型活页式、工作手册式能力本位教材。

本书以完整展现创客职业活动为第一原则，涉及车铣加工、数控车铣加工、增材制造、激光雕刻、机电控制五个领域的创客项目，每个创客项目均包含职业活动，以及支撑职业活动的职业知识。本书内容包括体验车铣加工、趣味数控车铣加工、玩转增材制造、创意激光雕刻、探索机电控制五个创客项目，每个项目均设置创客小讲堂、创客体验、创客实验室三部分内容，包含五项体验任务和五项创新任务，便于学生拓展训练、知识内化与方法总结。

本书配套制作了微课视频，学生扫描书中二维码可观看知识点视频和操作指导视频。教师可在机械工业出版社教育服务网（www.cmpedu.com）注册后，下载课件和教学视频。

本书可作为职业院校创新创业课程教材，也可供没有工程技术背景的 12 岁以上的青少年作为创客类参考书使用。

图书在版编目（CIP）数据

机械创客综合实训 /刘军，李静，王云生主编. — 北京：机械工业出版社，2023.5
职业教育创客教育系列教材
ISBN 978-7-111-73354-6

Ⅰ.①机… Ⅱ.①刘… ②李… ③王… Ⅲ.①机械工程 – 中等专业学校 – 教材
Ⅳ.①TH

中国国家版本馆CIP数据核字（2023）第107363号

机械工业出版社（北京市百万庄大街22号 邮政编码100037）
策划编辑：刘益汛　　　　责任编辑：刘益汛
责任校对：郑　婕　李　婷　　封面设计：张　静
责任印制：刘　媛
涿州市般润文化传播有限公司印刷
2023年9月第1版第1次印刷
285mm × 210mm · 10印张 · 290千字
标准书号：ISBN 978-7-111-73354-6
定价：45.00元

电话服务　　　　　　　　网络服务
客服电话：010-88361066　　机　工　官　网：www.cmpbook.com
　　　　　010-88379833　　机　工　官　博：weibo.com/cmp1952
　　　　　010-68326294　　金　　书　　网：www.golden-book.com
封底无防伪标均为盗版　　机工教育服务网：www.cmpedu.com

前　言

PREFACE

本书遵循职业成长规律，将专业教育、创新教育、立德树人融为一体，指向职业能力培养，充分体现职业教育类型特征。

本书由五个创客项目构成，内容涉及车铣加工技术、数控车铣加工技术、增材制造技术、激光雕刻技术、机电控制技术五个学习领域。每个创客项目均设置创客小讲堂、创客体验、创客实验室三部分内容，共设置10项创客任务，包括制作趣味弹弹棋、制作文创印章、制作飞转陀螺、制作葫芦挂件、制作实用手机支架、制作创意相框、制作个性化杯垫、制作创意书签、模拟自动冲压和模拟自动生产线。

创客小讲堂包括创客知识、创客世界、创客思维训练三个部分，其中内置创新理论、创新故事与创新活动。该部分内容轻松活泼，难度适中，形式灵活，贴近生活，容易激发学生的学习兴趣，便于学生拓展训练、知识内化与方法总结。

创客体验由学习目标、项目发布、项目准备、项目计划、项目实施、项目展示构成。创客体验为学生的创客实践提供指导，学生根据步骤可完成一次完整的创客活动。

1）学习目标：明确项目的知识要点。

2）项目发布：明确项目内容与任务要求。

3）项目准备：明确项目实施所需的软硬件设施设备。

4）项目计划：使用项目实施计划表和项目执行流程图明确项目执行情况。

5）项目实施：通过任务分解，实施手把手教学。

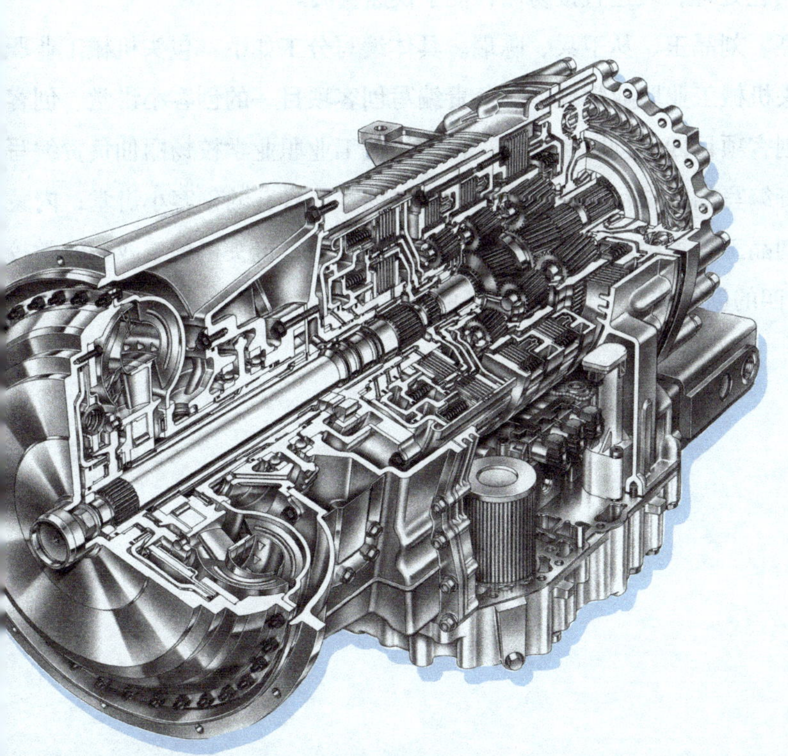

6）项目展示：通过思维导图等可视化手段实现知识、技能、素养以及创新等归纳总结，锻炼学生的整体思维、开放思维以及归纳总结能力。

创客实验室由项目发布、项目实施、项目评价三部分组成。项目实施包含资讯、计划、决策、实施、检查、展示六部分工作。学生可通过填写创客实验室的任务表格，独立自主完成相关的创客项目，进而培养独立思考、自主创新的能力。

本书主要特点如下：

1）针对职业教育形象思维强于逻辑思维的特性，建立了思维过程、学习过程以及学习结果可视化即时反馈系统，将传统教学设计中隐性延迟的反馈显性化、即时化。

2）将项目或任务的工作内容细化为完整的工作过程，建立工作六要素（对象、内容、手段、组织、产品、环境）之间的内在联系，展示工作原貌，在完成职业活动过程中不断积淀职业能力，体现能力本位功能，突出职业能力培养。

3）将创新素养、职业素养贯穿专业教育始终，实现了职业、创新、专业三育融合的落地。

4）通过创客项目将理论知识引入教学中，构建了从理论到实践的陈述性知识、程序性知识与经验性知识的知识地图。

5）通过思维导图、概念图等可视化工具训练了学生系统性思维和创新思维能力。

6）通过“一点一讲一练一确认”教学设计，训练了学生认真用心的精益求精的工匠精神。

7）本书配套开发了视频动画等信息化数字资源，使教材内容立体呈现，方便师生学习查阅。

8）本书编写时选用了大量图例，文字力求简练、通俗，内容简明扼要，职业知识表格化处理，表达直接易懂，便于快速查阅。

本书由刘军、李静、王云生担任主编，杨丽仙、张丹担任副主编，参编人员有李满亮、刘晶玉、从卫兵、陈瑞。具体编写分工如下：包头机械工业职业学校刘军负责全书的结构设计、统稿和审核，并负责编写创客项目一的创客体验；包头机械工业职业学校李静负责编写创客项目一的创客小讲堂、创客项目三的创客体验；包头机械工业职业学校王云生负责编写创客项目一的创客实验室、创客项目四的创客实验室；包头机械工业职业学校杨丽仙负责编写创客项目二的创客小讲堂、创客体验、创客实验室；吉林电子信息职业技术学院张丹负责编写创客项目四的创客小讲堂、创客项目五的创客小讲堂；内蒙古机电职业技术学院李满亮负责编写创客项目三的创客小讲堂；包头机械工业职业学校刘晶玉负责编写创客项目三的创客实验室；包头机械工业职业学校从卫兵负责编写创客项目五的创客实验室；包头机械工业职业学校陈瑞负责编写创客项目四的创客体验、创客项目五的创客体验。

由于编者水平有限，书中难免有疏漏之处，恳请批评指正。

编　者

二维码索引

（续）

项目	微课	二维码	页码
创客项目一	01 自定心卡盘工件的装夹和拆卸		007
	02 切削用量的选用原则及选取方法		008
	03 螺旋压板夹紧机构		009
	04 平口钳的种类介绍		011
	05 铰杠		013
	06 丝锥		013
创客项目二	07 工序的划分依据		032
	08 工件坐标系及工件原点的建立		033
	09 数控车刀的选用		035
	10 杠杆式可转位车刀的结构		035

项目	微课	二维码	页码
创客项目二	11 楔块式可转位车刀的结构		035
	12 数控程序的结构		037
	13 四工位刀架的拆装		038
	14 机床坐标系及机床原点的建立		039
	15 数控车试切对刀		039
	16 数控车机夹刀的安装原则		043
	17 游标卡尺的结构		043
	18 外径千分尺的结构		043
	19 禁止戴手套进行机床操作		045
创客项目三	20 司代普 3D 打印系统		073

（续）

项目	微课	二维码	页码
创客项目三	21 司代普 3D 打印设备连接		073
创客项目四	22 司代普激光雕刻设备连接		089
	23 司代普激光雕刻软件操作		089
	24 司代普 840 主机结构介绍		090
	25 司代普激光雕刻系统		093
	26 UCCNC 数控软件操作界面		094
	27 司代普数控铣削用板材		097
	28 司代普激光雕刻材料		100
	29 司代普数控铣削加工——铣刀的选用		101

（续）

项目	微课	二维码	页码
创客项目四	30 司代普数控铣削设备连接		103
	31 司代普数控铣削软件操作		104
	32 司代普数控铣削加工系统		104
创客项目五	33 慧鱼冲压工作站		121
	34 剥线钳		125
	35 慧鱼冲压站的程序设计		128
	36 循环左移右移指令		135
	37 接通延时定时器指令		137
	38 慧鱼铣钻双站流水作业线		141

目　录

CONTENTS

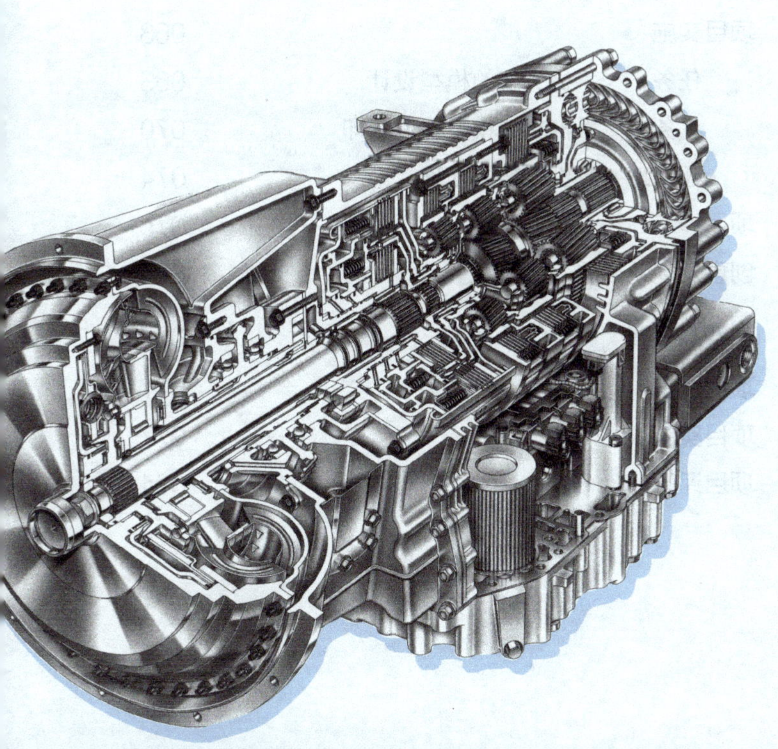

创客项目一 体验车铣加工

创客项目二
趣味数控车铣加工

创客项目三
玩转增材制造

创客项目四 创意激光雕刻

创客项目五 探索机电控制

创客项目一

体验车铣加工

创客小讲堂

创客知识

1. 什么是创客

创客来源于英文的 Maker，Maker 本意是指生产者、制造者。创客指的是不以营利为目的，出于兴趣与爱好，把创意转变为现实的人。在生活和学习过程中，你是否遇到不方便、不合理、不舒适的生活或者学习用品，想没想过对这些物品做改造呢？如果你不仅有想法，而且还开始了改造之旅，那么你已经在创客旅途中了。

下面有五道测试题，可以检验你的创客潜质。

1）你是否不仅只是点赞而是有不同想法并践行所想？

2）你是否乐于学习、掌握实现想法的技术？

3）你是否有共享精神，把所学所做开源共享，并乐于接纳新的事物？

4）你是否乐于不断解决新难题？

5）在改造、创造的过程中，你是否感到快乐和极大的满足？

如果上述五个问题你的答案都是“是”，那么恭喜你！你具有成为创客的潜质。

2. 什么是创新

创新用最通俗的语言来解释就是，有了新想法并付诸实践。如果你改进了一个小物品的功能，无论是形状、大小、颜色以及性能，哪怕是最微小的改进，你已经在创新了。

为什么在很多人的感觉里，创新离自己很遥远？或者说自己的生活、学习、工作和创新毫无关联呢？为什么总认为创新是科学家的事？创新充满了神秘的感觉，非常人所能及，那么创新高不可攀的感觉从何而来呢？

创新这个词之所以拥有如此多的神秘感，多半是由于创新总和伟大的人和事联系在一起，总是和改变人类发展进程的伟大发明联系在一起，如蒸汽机的发明、飞机的发明、计算机的发明等，这些震撼人心的发明让人感觉到创新不是普通人所能为，从而忽视了创新的本质。

3. 创新的本质

创新的本质就是解决问题。

同学们，这句话一定要记住并深刻理解。

你解决的任何一个问题，哪怕是微不足道的问题，都可能是一次创新。

你习惯于使用筷子吃饭，但在荒郊野外，没有筷子，用两根树枝做成筷子，这就是创新。

你没有带笔，向别人借了一支笔完成了书写任务，解决了问题，你就完成了一次创新。

有的同学也许会觉得这不算创新，如果这都是创新，那我天天都在创新！如果你认为自己天天都在创新，那么恭喜你，你已经理解了创新的本质——解决问题。

解决问题就是创新。如果把解决问题变成自己的思维模式和行动习惯，那你会成为一个具有创新能力的人。

4. 我们现在开始创新

我们使用的橡皮，每次擦拭的时候会产生大量的橡皮屑，这些橡皮屑该怎么处理呢？很多同学习惯把橡皮屑吹到地下，这会弄脏地面，显然是不合适的。请动脑筋想想，用什么办法处理橡皮屑？把你想到的办法写在表 1-1 中。

表 1-1　处理橡皮屑的办法

序号	问题	办法
1	橡皮屑怎么处理	
2		
3		
4		

你想到的办法哪一个最方便、最实用？依托处理橡皮屑的办法，创造一个清理橡皮屑的小产品。

创客世界

创客文化源于美国的车库文化。人们将车库、地下室改造成了家庭制造车间，在这个车间里实现自己的奇思妙想，这个车库被称为创客空间。现在的创客活动不一定在车库里，我国很多城市都开设了公众可以来体验的“创客空间”。我国的第一个成规模的创客空间“新车间”于 2010 年在上海建立。那么，你所在的城市有创客空间吗？

“创造”与“分享”是创客文化的两个特点。Maker Faire（制汇节）是目前全球最大的创客们展示与分享作品的嘉年华活动。2012 年，柴火空间在深圳举办了第一届 Maker Faire，并得到美国 Make Media 官方授权。2015 年，时任国务院总理李克强参观了深圳柴火创客空间。同年，李克强总理提出了“大众创业、万众创新”的理念，并正式将创客写入《政府工作报告》中。

中国的创客文化开启了全新的一页。

创新故事

技术要创新，思想上更要创新

2009年以来，武汉城管投入了大量的环卫作业车辆，付国炬作为第一批驾驶环卫洒水车的驾驶员，渐渐摸清了车辆在使用中的不足。爱动脑筋的他开始进行发明和创新。

付国炬在跟车作业时发现，机械化程度低，洗马路除了一台水车，基本靠人工。水枪喷出的水流方向单一，工人累得满身汗，一天洗不出一条路，效率低。工人跟车作业，水车只能低速运转，水压起不来，洁净度不够。此外，环卫工常年穿胶鞋，泡在水里工作，风湿、关节炎成了他们的通病。

付国炬在出水口上做起了文章，把水枪变成鸭嘴形，喷出的水流就从线形变成了扇形，清洗面积变大；不需要工人跟车，车速加快后水压也变大了，冲得更干净。随后，他又在鸭嘴形水枪上加了一个阀门，实现360°旋转。此举颠覆了环卫洗路传统的作业方式，过去几个人一天洗不完一条路，现在一个人一天能将一条路清洗好几遍，每年节约费用100多万元。

2011年8月，环卫女工刘志君在徐东路清洗护栏时，被一辆轿车撞伤，付国炬将她送到医院，经救治脱离危险。

“能否改进护栏清洗车，让它左右都能清洗呢？”于是，他利用休息时间绘制设计图，并联系环卫专用车辆生产单位进行试产。2012年，能左右清洗的新型护栏清洗车交付使用，从此武汉再未出现过类似环卫工安全事故。

据统计，付国炬完成的7项发明和创新，共节省资金700多万元。他被同事亲切地称为“环卫发明达人”。

创客思维训练

活动一　纸飞机的制作

制作飞得最远的纸飞机。

制作飞行时间最长的纸飞机。

1）上网搜集资料并选取纸叠飞机的方法。

2）材料：每位同学准备普通A4纸4张。

3）要求：纸叠飞机，不许使用其他工具和材料，看一看谁的纸飞机飞得最远，滞空时间最长。

探究：纸飞机飞得远和滞空时间长的原理，各写一篇300字短文。

活动二　摔不破的鸡蛋

利用5张普通A4纸、1根1m长的细绳、2个小气球制作装置，把鸡蛋放到装置里面，从三楼扔下，保持鸡蛋不破。

1）将同学分成5人一组，每组领取的材料：5张普通A4纸、1根1m长的细绳、2个小气球、1个生鸡蛋。

2）利用上述材料制作装置，把鸡蛋放到装置里面，从三楼扔下，保持鸡蛋不破。

3）先讨论，后试验，看看哪一组的装置最有效。谈一谈自己在这个试验中创新的想法与做法，并写一篇300字短文。

活动三　发现问题与改进思路

找一找实验中各环节存在的问题，思考其改进的思路，填写表1-2。

表1-2　发现的问题与改进的思路

序号	环节名称	存在问题	改进思路
1			
2			
3			
4			

创客体验 制作趣味弹弹棋

学习目标

- 能够制订趣味弹弹棋制作计划。
- 能够根据职业活动和职业知识完成趣味弹弹棋的加工。
- 能够解决趣味弹弹棋制作中出现的问题。
- 能够对趣味弹弹棋项目成果做出评价。
- 能够主动与他人合作，进行有效沟通，积极展示工作成果。
- 能根据趣味弹弹棋项目构想与制作其他形式的棋类产品。

项目发布

趣味弹弹棋是一款超级好玩的游戏。它依靠皮筋的弹力瞄准洞口并通过洞口向对方弹射棋子，全部棋子进入对方棋盘即取得胜利。趣味弹弹棋是亲子互动、解压休闲的全民桌游！

学校将举办趣味弹弹棋制作比赛，老师交给同学们的任务是：“大家可以采用各种方式制作趣味弹弹棋，每个小组要制作一副趣味弹弹棋作品，并具备小组特色的创意装饰，时间为 20h。作品完成后以比赛的方式验收成果！”

根据图 1-1 可知，该项目需要进行棋盘、挡板、棋子的加工；材料均为塑料；螺钉可购买标准件；各零件数量参考趣味弹弹棋装配图。总体加工方案是依据零件图的要求及检验标准完成棋盘和挡板的铣削加工、棋子的车削加工；制作过程中要充分发挥团队力量，完成具有创意的棋盘与棋子装饰，展示给大家不一样的趣味弹弹棋！

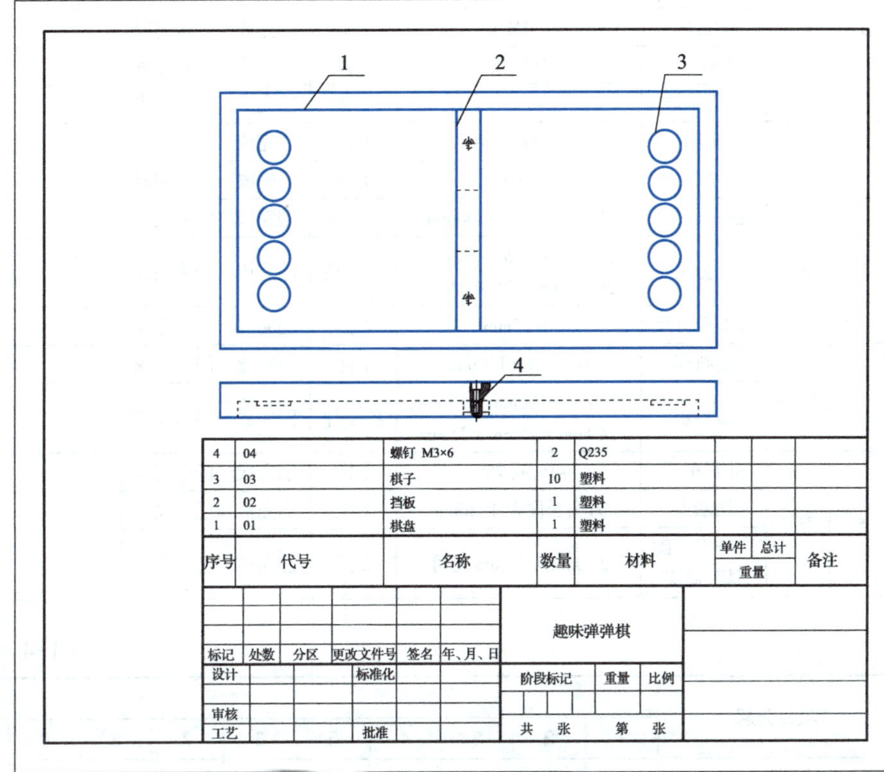

图 1-1 趣味弹弹棋装配图

项目准备

填写表 1-3，准备完成项目所需的工具、设备、量具等。

表 1-3　项目准备

序号	种类	名称	规格与型号	数量	准备情况	替换工具
1	工具	活扳手	150mm × 19mm	1 把	□完成　□未完成	
		毛刷	75mm	2 把	□完成　□未完成	
		护目镜	3M	1 个	□完成　□未完成	
		锉刀	什锦锉	1 套	□完成　□未完成	
		平行垫铁	—	1 套	□完成　□未完成	
2	设备	车床	CDE6140A	1 台	□完成　□未完成	
		铣床	X5032	1 台	□完成　□未完成	
3	量具	游标卡尺	0~150mm、0~300mm	各 1 把	□完成　□未完成	
		千分尺	0~25mm、25~50mm、50~75mm、75~100mm	各 1 把	□完成　□未完成	
		深度千分尺	0~25mm	1 把	□完成　□未完成	
4	材料	塑料棒	φ30mm × 110mm	1 件	□完成　□未完成	
		塑料板	310mm × 160mm × 25mm、140mm × 25mm × 15mm	各 1 件	□完成　□未完成	
5	刀具	外圆车刀	90° 或 75°	1 把	□完成　□未完成	
		切断刀	刀头长度大于 20mm	1 把	□完成　□未完成	
		立铣刀（配刀柄、筒夹）	ϕ10mm~ϕ16mm 均可	2 把	□完成　□未完成	

（续）

序号	种类	名称	规格与型号	数量	准备情况	替换工具
6	夹具	自定心卡盘	—	1 个	□完成　□未完成	
		机用平口钳	—	1 个	□完成　□未完成	
		压板	—	6 个	□完成　□未完成	

项目计划

根据趣味弹弹棋的项目要求，现将该项目分成三个学习任务。任务一是车削加工，具体工作是在车工区域完成棋子的工艺制订、实施步骤及质量检验内容，时间为 4h。任务二是铣削加工，具体工作是在铣工区域完成棋盘与棋盘中挡板的工艺制订、实施步骤、质量检验及装配内容，时间为 12h。任务三是创意装饰，具体工作是在设计室进行棋盘、棋子的创意装饰，时间为 4h。整个项目计划不同的小组同时进行加工。按照项目进度，计划 20h 完成一副趣味弹弹棋的制作，项目实施计划见表 1–4。

项目执行流程见图 1–2。

表 1-4　项目实施计划

项目分解	时间 /h																				项目负责人
	1	2	3	4	5	6	7	8	9	10	11	12	13	14	15	16	17	18	19	20	
车削加工																					全体成员
铣削加工																					全体成员
创意装饰																					全体成员

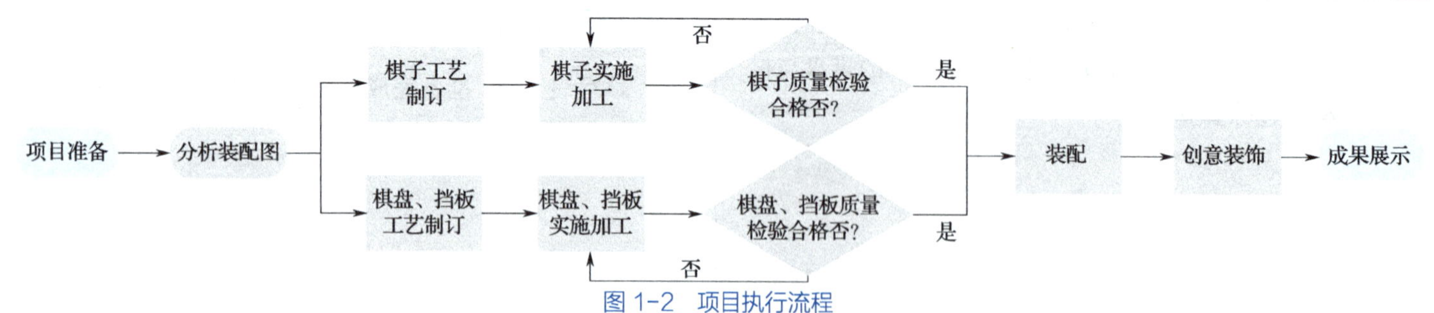

图 1-2　项目执行流程

项目实施

任务一　车削加工

职业活动

步骤：棋子加工

1. 工艺制订

按照项目实施计划进行棋子加工，棋子零件如图 1-3 所示。

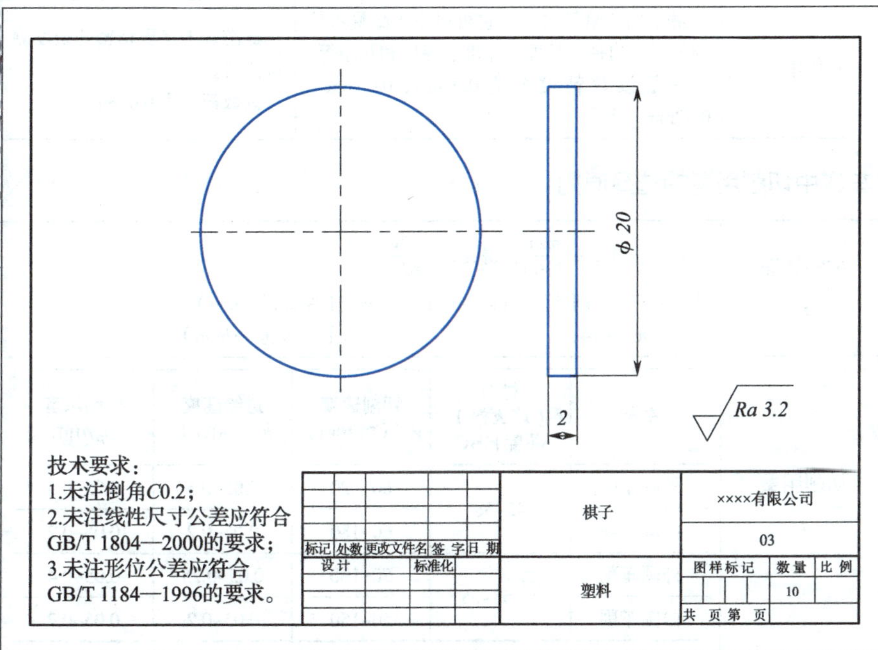

图 1-3　棋子

1）备料。读图 1-3 得知，棋子材料为塑料。毛坯尺寸为 ϕ30mm × 110mm。

2）机床设备：车床。

3）夹具：自定心卡盘。

职业知识

毛坯

毛坯的尺寸必须大于零件的成品尺寸。一般毛坯的加工余量为 5mm 左右。实际市场出现的材料有固定规格，在满足零件加工尺寸的条件下，依据市场规格选购。

自定心卡盘的应用

自定心卡盘的三个爪是同时移动自行对中的，故可自动定心，装夹方便、迅速，但夹紧力小，只能装夹形状比较规则的工件，且定位精度不高，主要用于装夹中小型轴类、套类或盘类零件。

自定心卡盘工件的装夹和拆卸

刀具的选择

名称	图示	作用
45° 车刀		常用于加工端面、45° 倒角、较短外圆。
90° 外圆车刀、75° 外圆车刀		外圆粗车刀在粗车时必须适应大吃刀量的特点，要求车刀有足够的强度。要求： 1）主偏角不宜过小。 2）前角要小。 3）增强刀头强度。 4）车刀前面有断屑槽
		外圆精车刀在精车时，加工余量小，尺寸精度、表面粗糙度要求高，要求车刀必须锋利。要求： 1）取较小的刃倾角。 2）大前角，使车刀锋利。 3）后角应大些，减少车刀和工件之间的摩擦。

4）刀具：外圆车刀、切断刀。

5）量具：游标卡尺和千分尺。

6）切削用量：n=600r/min，f=0.2mm/r。

7）加工方法：在车床上采用自定心卡盘直接装夹；利用外圆车刀加工工件外圆，切断刀切断工件；加工中适时检测。

2. 实施加工

1）装夹工件，采用自定心卡盘装夹工件，露出卡盘外 90mm。

2）外圆车刀车端面，将端面车平即可。

3）长度方向划线，用外圆车刀在 90mm 长的位置划线，作为粗加工长度方向的标记。

4）粗、精加工 ϕ20mm，长度 90mm 外圆面，并使用游标卡尺、千分尺检测。

5）换切断刀切削工件，切断的工件需留加工余量。

6）将每一枚棋子的两端面车平，并保证尺寸。

7）尖角倒钝。

3. 质量检测

1）根据棋子零件图（图 1-3）确定检测内容 ϕ20mm、2mm 两项。

2）根据职业知识中的线性尺寸的极限偏差数值、倒角半径和倒角高度的极限偏差数值、角度尺寸的极限偏差数值，确定尺寸精度。

3）将质量检测结果填入表 1-5 中。

表 1-5　质量检测

序号	检测项目	合格	不合格	备注
1	ϕ20mm			
2	2mm			

刀具的选择（续）

名称	图示	作用
切断刀	v_c f	切断刀用于切削沟槽、退刀槽。根据槽的宽度和深度确定切槽刀尺寸。 切断刀也可用于切断，切断时刀头长度选择长些，具体根据工件直径大小而定。

量具的用途

名称	游标卡尺	千分尺
作用	最常用的量具之一，它可以用来测量零件的外径、内径、长度、宽度、厚度和孔距等。 一般读数精度分为 0.01mm、0.05mm、0.02mm 三种。	比游标卡尺更精密的长度测量仪器。 读数精度为 0.01mm。

车床中切削用量的选择原则

主轴转速 n

根据公式 $v_c=\frac{\pi dn}{1000}$，得 $n=\frac{1000v_c}{\pi d}$。

式中：v_c—切削速度（m/min）；　d—工件直径（mm）；
π—3.14；　n—主轴转速（r/min）。

切削用量 f

车削	材料（淬火钢）硬度 HRC	切削速度 v_C/（m/min）	进给速度 f/（mm/r）	切削深度 a_p/mm
外圆车削	45~58	60~220	0.05~0.3	0.05~0.5
内圆车削		60~180	0.05~0.2	0.05~0.2
外圆车削	＞58~65	50~190	0.05~0.25	0.05~0.4
内圆车削		50~150	0.05~0.2	0.05~0.2

切削用量的选用原则及选取方法

任务二　铣削加工

职业活动

步骤一：棋盘加工

1. 工艺制订

按照项目实施计划进行棋盘加工，棋盘零件如图 1-4 所示。

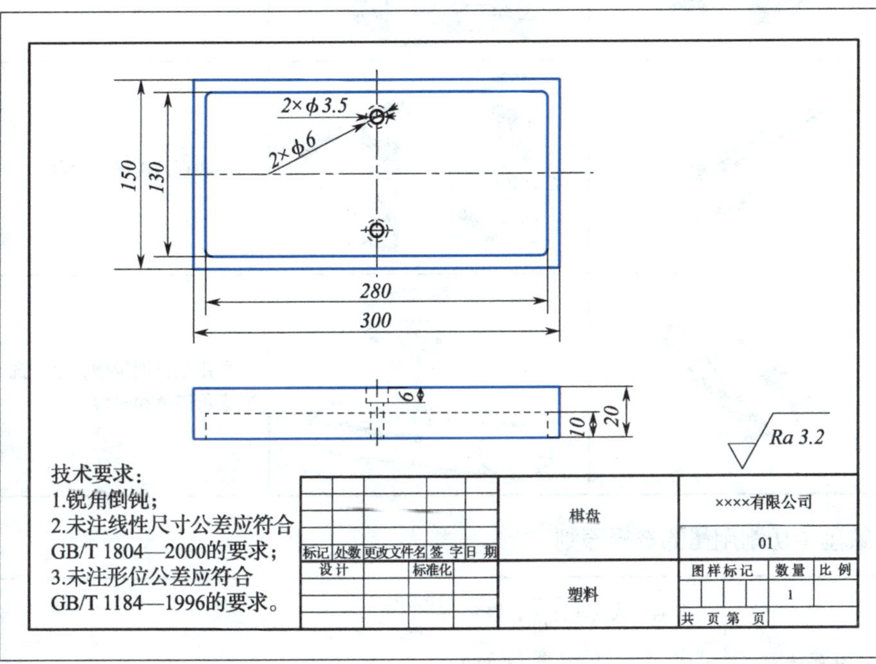

图 1-4　棋盘零件

1）备料。读图 1-4 可知，棋盘材料为塑料。毛坯尺寸为 310mm × 160mm × 25mm。

2）机床设备：铣床。

3）夹具：压板。

4）刀具：立铣刀。

5）量具：游标卡尺和深度千分尺。

职业知识

毛坯

毛坯的尺寸必须大于零件的成品尺寸。一般毛坯的加工余量为 5mm 左右。实际市场出现的材料有固定规格，在满足零件加工尺寸的条件下，依据市场规格选购。

压板及其应用

压板装夹可以避免采用平口钳等夹具装夹产生的变形现象，薄壁、薄板等零件较适合压板装夹。这种装夹方式的夹具制造成本低，周期短，结构简单，适用范围广，夹紧力大，结构简单，使用方便，加工中最常见。

螺旋压板夹紧机构

压板	压板应用

立铣刀

立铣刀是铣削加工用得最多的一种铣刀。立铣刀的圆柱表面和端面上都有切削刃。它们可同时进行切削，也可单独进行切削，主要用于平面铣削、凹槽铣削、台阶面铣削等。

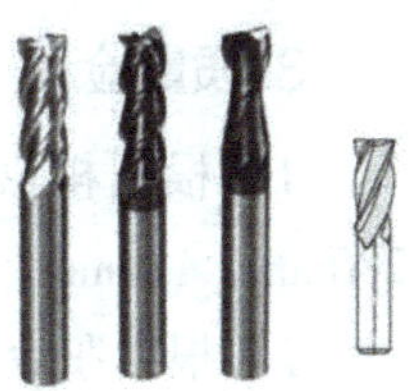

6）切削用量：n=475r/min，f=0.2mm/r。

7）加工方法：先将毛坯料加工成 300mm×150mm×20mm 的方料；采用压板将工件固定后，立铣刀采用往复铣削的方式加工中间的槽；最后划线、用钻头钻孔。

2. 实施加工（表 1-6）

表 1-6　实施加工

步骤	图示
采用压板装夹工件（选用两个平面平行度相对好些的），选择合适的平行垫铁将工件支撑起来，采用游标卡尺测量工件露出长度	
画线（画棋盘槽 280mm×130mm）	
用立铣刀采用往复加工方式铣削工件	
画孔位置线	孔位置点
钻孔	
倒角去毛刺	

3. 质量检测

1）根据棋盘零件（图 1-4）确定检测内容 300mm、150mm、20mm、280mm、130mm、10mm 六项。

2）根据职业知识中的线性尺寸的极限偏差数值、倒角半径和倒角高度

铣刀的选择

铣刀图示	铣削示例	用途
		铣削平面。
		铣削直角沟槽和阶台。
		可用于铣削键槽，也可铣削直角沟槽和阶台。

铣削中切削用量的选择原则

主轴转速 n

根据公式 $v_c=\dfrac{\pi dn}{1000}$，得 $n=\dfrac{1000v_c}{\pi d}$。

式中　v_c—切削速度（m/min）；

d—铣刀直径（mm）；

π—3.14；

n—主轴转速（r/min）。

进给速度 f_z

工件材料	粗铣		精铣	
	高速钢铣刀	硬质合金铣刀	高速钢铣刀	硬质合金铣刀
钢	0.10~0.15	0.10~0.25	0.02~0.05	0.10~0.15
铸铁	0.12~0.20	0.15~0.30		

的极限偏差数值、角度尺寸的极限偏差数值，确定尺寸精度。

3）将质量检测结果填入表 1-7。

表 1-7　质量检测

序号	检测项目	合格	不合格	备注
1	300mm			
2	150mm			
3	20mm			
4	280mm			
5	130mm			
6	10mm			

步骤二：挡板加工

1. 工艺制订

按照项目实施计划进行挡板加工，挡板零件如图 1-5 所示。

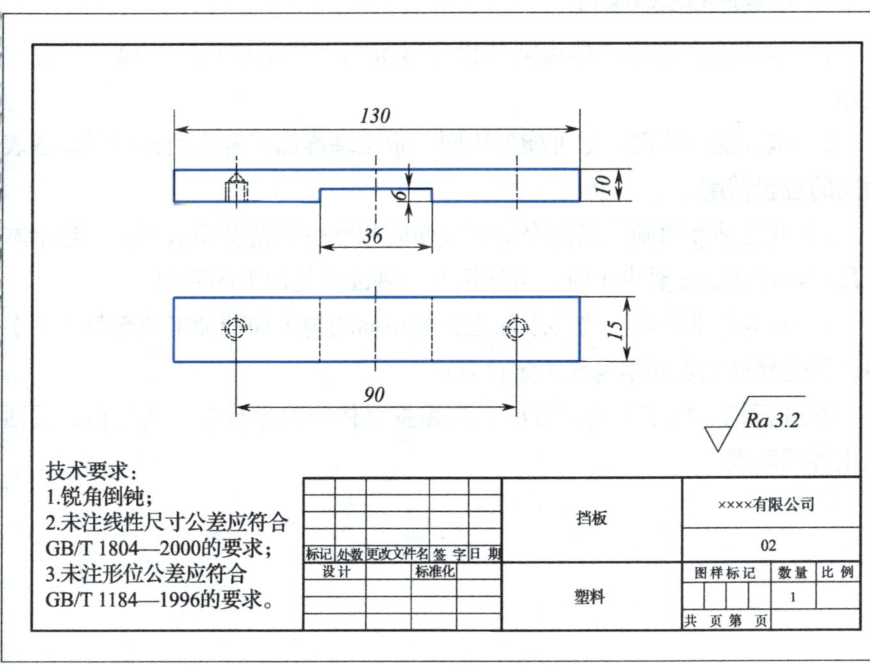

图 1-5　挡板零件

铣削中切削用量的选择原则（续）

铣削层深度 t

工件材料	高速钢铣刀 粗铣	高速钢铣刀 精铣	硬质合金铣刀 粗铣	硬质合金铣刀 精铣
铸铁	5~7	0.2~1	10~18	0.5~2
低碳钢	＜5	0.2~1	＜12	0.5~2
中碳钢	＜4	0.2~1	＜7	0.5~2
高碳钢	＜3	0.2~1	＜4	0.5~2

铣削切削速度 v_c

工件材料	硬度 HBW	切削速度 v_c/（m/min） 高速钢铣刀	切削速度 v_c/（m/min） 硬质合金铣刀
钢	≤225	18~42	66~150
	＞225~325	12~36	54~120
	＞325~425	6~21	36~75
铸铁	≤190	21~36	66~150
	＞190~260	9~18	45~90
	＞260~320	4.5~10	21~30

平口钳的应用

平口钳是铣床上常用的装夹工件的附具。铣削零件的平面、阶台、斜面和铣削轴类零件的键槽等，都可以用平口钳装夹工件。

平口钳的种类介绍

平口钳	工件	平口钳装夹工件

1）备料。读图 1-5 得知，挡板材料为塑料。毛坯尺寸为 140mm × 25mm × 15mm。

2）机床设备：铣床。

3）夹具：平口钳。

4）刀具：立铣刀。

5）量具：游标卡尺。

6）切削用量：n=600r/min，f=0.2mm/r。

7）加工方法：先将毛坯料加工成 130mm × 15mm × 10mm 的方料；平口钳装夹工件后，立铣刀铣挡板中间长 36mm、深 6mm 的槽。

2. 实施加工（表 1-8）

表 1-8 实施加工

步骤	图示
采用平口钳装夹工件（选用平行度相对好些的两个平面），选择合适的平行垫铁将工件支承起来，采用游标卡尺测量工件，露出钳高长度大于铣削深度	
画线（画槽长 36mm）	
用立铣刀铣削工件	
画孔位置线	
钻孔、攻螺纹	
倒角去毛刺	

基准面的选择

定位基准是指在机械加工中用来确定工件位置的基准面，基准面的合理选择对保证加工精度、安排加工顺序和提高加工生产率有重要影响。第一道工序只能以毛坯表面作为定位基准面，这种基准面称为粗基准。在以后的工序中用已加工过的表面定位，这种基准面称为精基准。

1. 粗基准的选择原则

1）保证不加工表面与加工表面相互位置要求原则。当有些不加工表面与加工表面间有相互位置要求时，一般选择不加工表面为粗基准。

2）选择重要加工表面为粗基准。

3）粗基准不重复使用的原则。粗基准的精度低，粗糙度数值大，重复使用会造成较大的定位误差。因此，同一尺寸方向的粗基准，通常只允许使用一次。

2. 精基准的选择原则

1）基准重合原则。尽可能使设计基准与定位基准重合，以减少定位误差。

2）基准统一原则。尽可能使用同一定位基准加工各表面，以保证各表面间的位置精度。

3）互为基准原则。当两个加工表面间相互位置精度要求很高（包括本身尺寸与形状精度要求）时，可运用互为基准反复加工的原则。

4）自为基准原则。当要求加工余量小而均匀（如精加工或光整加工）时，可选择加工表面本身作为定位基准。

在进行机械加工工艺设计时，应根据具体情况进行综合的分析，灵活运用各项原则。

3. 质量检测

1）根据挡板零件（图 1-5）确定检测内容 130mm、15mm、10mm、36mm、6mm、90mm 六项。

2）根据职业知识中的线性尺寸的极限偏差数值、倒角半径和倒角高度的极限偏差数值、角度尺寸的极限偏差数值，确定尺寸精度。

3）将结果填入表 1-9 中。

表 1-9 质量检测

序号	检测项目	合格	不合格	备注
1	130mm			
2	15mm			
3	10mm			
4	36mm			
5	6mm			
6	90mm			

线性尺寸的极限偏差数值

一般公差等级分为精密 f、中等 m、粗糙 c、最粗 v 共 4 个公差等级。按未注公差的线性尺寸分别给出了各公差等级的极限偏差数值。

公差等级	基本尺寸分段 /mm							
	0.5~3	＞3~6	＞6~30	＞30~120	＞120~400	＞400~1000	＞1000~2000	＞2000~4000
精密 f	±0.05	±0.05	±0.1	±0.15	±0.2	±0.3	±0.5	—
中等 m	±0.1	±0.1	±0.2	±0.3	±0.5	±0.8	±1.2	±2
粗糙 c	±0.2	±0.3	±0.5	±0.8	±1.2	±2	±3	±4
最粗 v	—	±0.5	±1	±1.5	±2.5	±4	±6	±8

倒圆半径和倒角高度尺寸的极限偏差数值

公差等级	基本尺寸分段 /mm			
	0.5~3	＞3~6	＞6~30	＞30
精密 f 中等 m	±0.2	±0.5	±1	±2
粗糙 c 最粗 v	±0.4	±1	±2	±4

角度尺寸的极限偏差数值

公差等级	长度分段 /mm				
	≤10	＞10~50	＞50~120	＞120~400	＞400
精密 f 中等 m	±1°	±30′	±20′	±10′	±5′
粗糙 c	±1° 30′	±1°	±30′	±15′	±10′
最粗 v	±3°	±2°	±1°	±30′	±20′

铰杠与丝锥

铰杠：一种用以夹持丝锥、铰刀的手工旋转工具。	丝锥：一种加工内螺纹的工具。

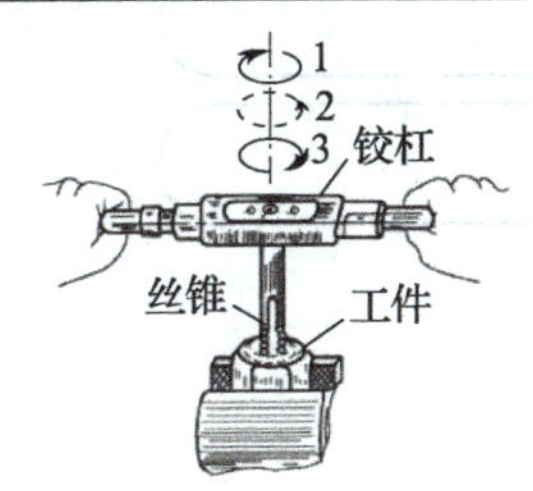

铰杠

丝锥

任务三 创意装饰

步骤一：查找弹弹棋装饰示例（见图 1-6）

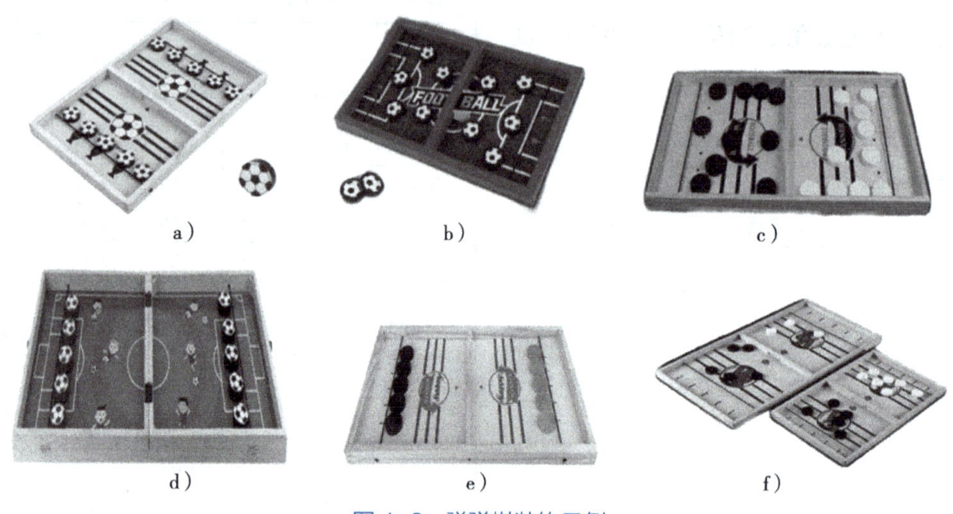

图 1-6 弹弹棋装饰示例

步骤二：利用头脑风暴的方式设计趣味弹弹棋装饰，并完成制作

根据弹弹棋装饰示例构想其他形式的弹弹棋作品，填写图 1-7，在方框内绘制趣味弹弹棋装饰，并完成趣味弹弹棋项目制作。

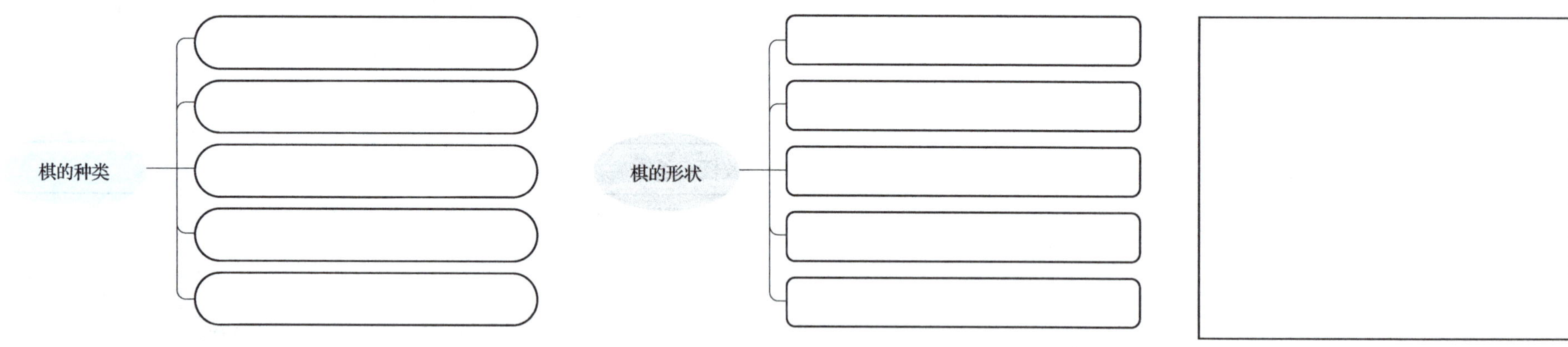

图 1-7 趣味弹弹棋装饰

项目展示

趣味弹弹棋项目制作完成后，请各小组将学习的整个过程制作成 PPT，在班级中汇报展示。填写图 1-8 项目展示框架。完成 PPT 制作时可参考图 1-8。

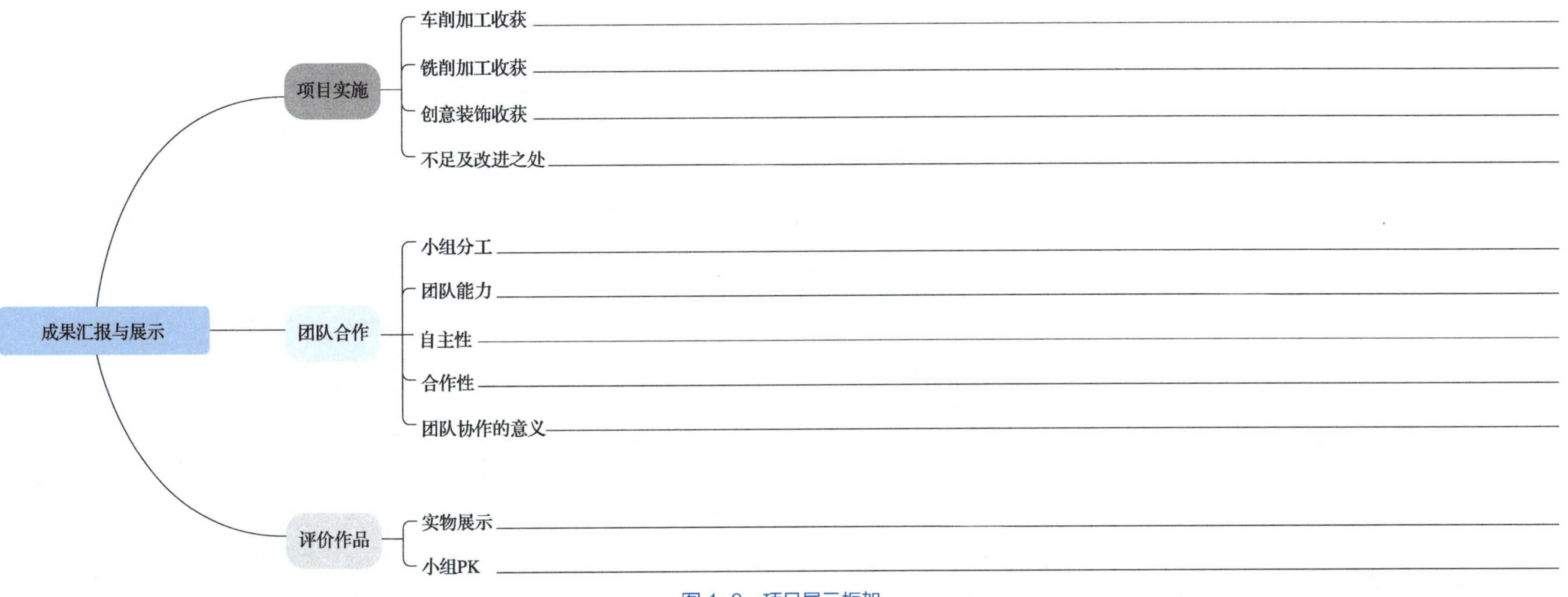

图 1-8 项目展示框架

创客实验室　制作文创印章

项目发布

印章是一种有着千年历史的文化载体，承载着几千年的中华文明。本次创客实验室的主题是自己动手设计一枚文创印章，并完成文创印章的制作与成果展示。印章示例如图 1–9 所示。

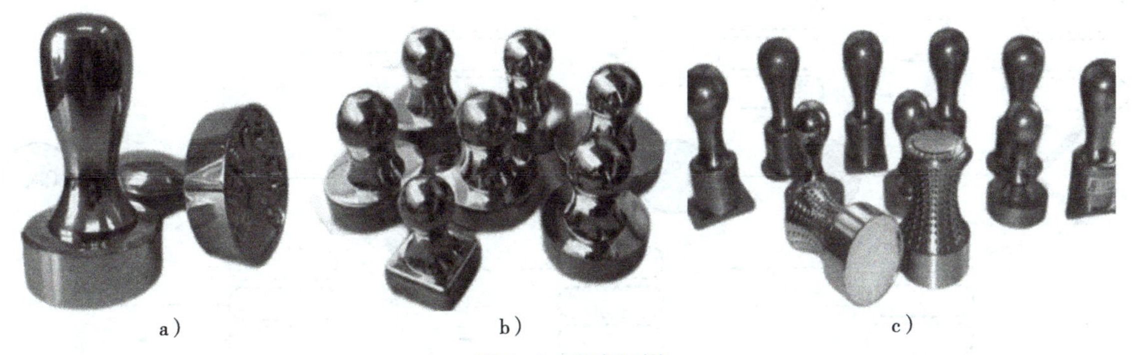

a）　b）　c）

图 1-9　印章示例

要求：

1）文创印章的制作以车削、铣削加工为主，结合新的设计思路进行深入提炼，制作出符合现代人们生活和审美需求的文化创意印章。

2）根据文创印章设计，绘制零件图。

3）制订文创印章项目实施计划。

4）制订文创印章零件加工工艺，选择合理的加工方法完成文创印章的制作。

5）小组间进行作品的检测、评分。

6）展示作品制作过程及收获。

项目实施

1. 资讯

1）请将收集到的印章知识整理归类，填入图 1-10 中，如内容较多可自行增加。

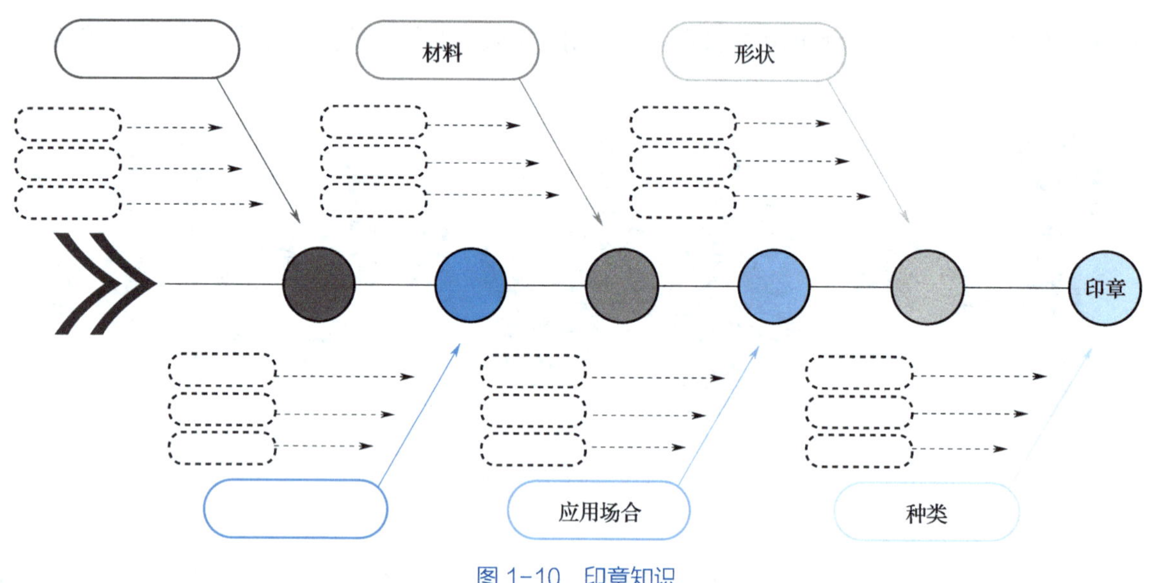

图 1-10　印章知识

2）您对文创了解多少？

____

____

3）您了解的印章是什么样子的？

____

____

4）印章上刻的内容有哪些？

____

____

5）大家通过自学，了解到印章形状各异。经小组讨论后，将文创印章方案写在图 1–11 中，并评出最优的印章方案。

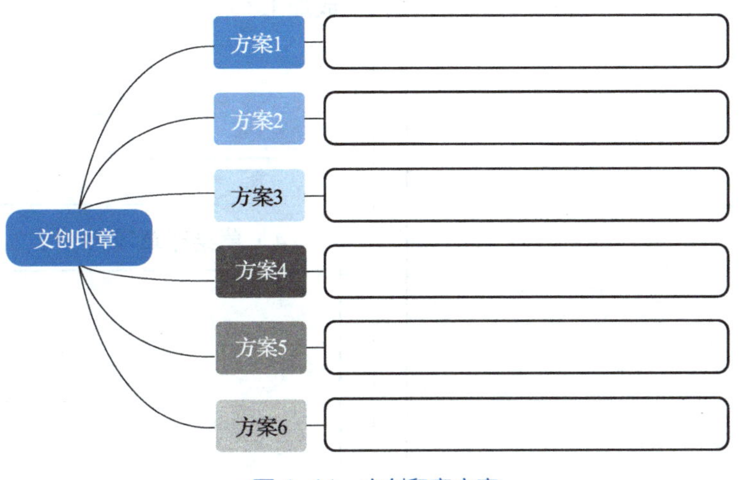

图 1–11　文创印章方案

2. 计划

1）请将项目实施计划做具体说明。

____

____

____

2）文创印章制作计划怎样表达才能够一目了然呢？尝试绘制甘特图，见表 1–10。

表 1–10　文创印章项目实施计划

项目分解	时间 /h															项目负责人

在方框中绘制项目执行流程。

3）在上述工作过程中您遇到了哪些问题？怎么解决的？

3. 决策

1）根据文创印章方案，明确印章的文化创意。

2）您制作印章的主题是什么？设计该印章的意义是什么？

3）制作该印章选择的材料是什么？毛坯尺寸是多少？采用什么设备完成加工？

4）草绘印章零件图。

4. 实施

1）请根据表 1–11 的提示为文创印章零件图制订加工工艺，准备材料、设备、工具等，并制定加工步骤。

表 1–11 文创印章的准备及加工步骤

序号	名称	具体内容
1	材料	
2	机床设备	
3	夹具	
4	刀具	
5	量具	
6	切削用量	

（续）

<table>
<tr><th>序号</th><th>名称</th><th>具体内容</th></tr>
<tr><td rowspan="5">7</td><td rowspan="5">加工步骤</td><td></td></tr>
<tr><td></td></tr>
<tr><td></td></tr>
<tr><td></td></tr>
<tr><td></td></tr>
</table>

2）根据文创印章的准备及加工步骤领取工、量、刀具，并填写工、量、刀具领用清单，见表 1–12。

表 1–12　工、量、刀具领用清单

序号	工、量、刀具名称	规格与型号	数量	领用人

3）在表 1–13 中，填写工作的实施步骤，拍照记录实施过程，打印并在表 1–14 相应的位置做好记录。

表 1–13　实施步骤

序号	实施步骤	实施照片

4）根据任务实施步骤，填写生产任务单（见表 1–14）。

5. 检查

1）文创印章制作完成后，根据零件检测评价表对文创印章零件进行自检、互检与师检，将检测结果填入表 1–15 中。

表 1–14　生产任务单

<table>
<tr><td colspan="2">设备名称</td><td></td><td>设备型号</td><td></td><td>设备编号</td><td></td><td>委托单位</td><td colspan="3"></td></tr>
<tr><td colspan="2">工件名称</td><td></td><td>规格型号</td><td></td><td>图号</td><td></td><td>单位</td><td></td><td>数量</td><td></td></tr>
<tr><td rowspan="2">工序</td><td rowspan="2">工种</td><td rowspan="2">操作人</td><td rowspan="2">单件工时</td><td rowspan="2">辅助工时</td><td colspan="3" rowspan="2">工艺说明</td><td colspan="3">检验</td></tr>
<tr><td>成品</td><td>次品</td><td>废品</td></tr>
<tr><td>1</td><td></td><td></td><td></td><td></td><td colspan="3"></td><td></td><td></td><td></td></tr>
<tr><td>2</td><td></td><td></td><td></td><td></td><td colspan="3"></td><td></td><td></td><td></td></tr>
<tr><td>3</td><td></td><td></td><td></td><td></td><td colspan="3"></td><td></td><td></td><td></td></tr>
<tr><td>4</td><td></td><td></td><td></td><td></td><td colspan="3"></td><td></td><td></td><td></td></tr>
</table>

表 1-15　零件检测评价表（文创印章）

序号	检测项目	检测内容及要求	评分标准	自检	互检	师检
1	职业素养	文明、礼仪是否做到	肯定 =3　否定 =0			
2		操作的全过程是否安全	肯定 =10 否定 =0			
3		行为习惯是否达到标准	肯定 =5　否定 =0			
4		工作态度是否认真	肯定 =5　否定 =0			
5		团队合作是否融洽	肯定 =5　否定 =0			
6	工艺制订	装夹与定位方式是否合理	肯定 =2　否定 =0			
7		刀具是否适用	肯定 =2　否定 =0			
8		加工路径设计是否合理	肯定 =2　否定 =0			
9		切削用量选择是否合适	肯定 =2　否定 =0			
10	机床操作	开机前是否做过机床点检	肯定 =2　否定 =0			
11		工件装夹与对刀是否正确	肯定 =2　否定 =0			
12		量具使用是否规范	肯定 =2　否定 =0			
13	印章加工		各尺寸均匀配分 58			
14						
15						
16						
17						
18						
19						
合计			100			

2）请分析印章零件产生误差的原因，在表 1–16 中记录预防措施或改进方法，以便提高加工质量和加工效率。

表 1–16　印章零件误差的预防措施或改进方法

序号	误差项目	产生原因	预防措施 / 改进方法

6. 展示

请根据图 1–12 制作 PPT 进行展示与评价。

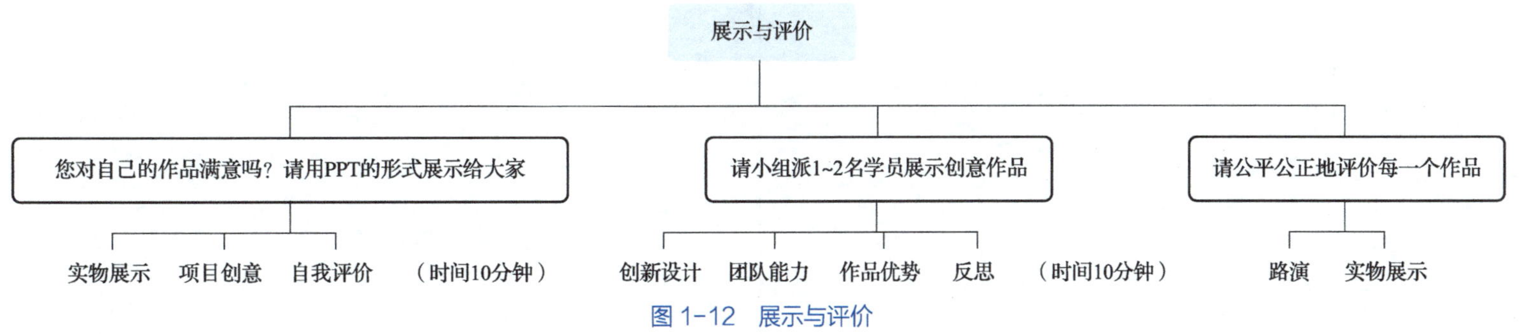

图 1–12　展示与评价

项目评价

1）填写表 1-17，开展文创印章项目的评价。

表 1-17　项目评价表

序号	评价内容		分值	评价结果		
				自评	互评	师评
1	资讯	内容丰富	8			
		方法多样	8			
		整理规范	6			
2	计划	逻辑性强	6			
		可实施	6			
3	决策	图纸正确	8			
		参数合理	8			
		表述规范	6			
4	实施与检查	程序正确	8			
		操作熟练	8			
		质量	6			
		装饰性	6			
5	展示	制作精美	8			
		表述清楚	8			
合计			100			

2）反思总结：你对自己制作的文创印章满意么？请在图 1-13 的椭圆形虚线框内填上很满意、满意、一般、不满意。把原因和改进措施写在空白处。

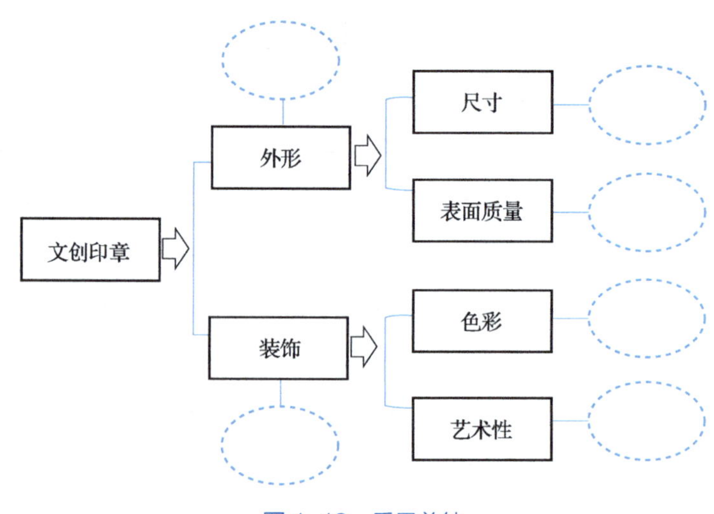

图 1-13　反思总结

创客项目二

趣味数控车铣加工

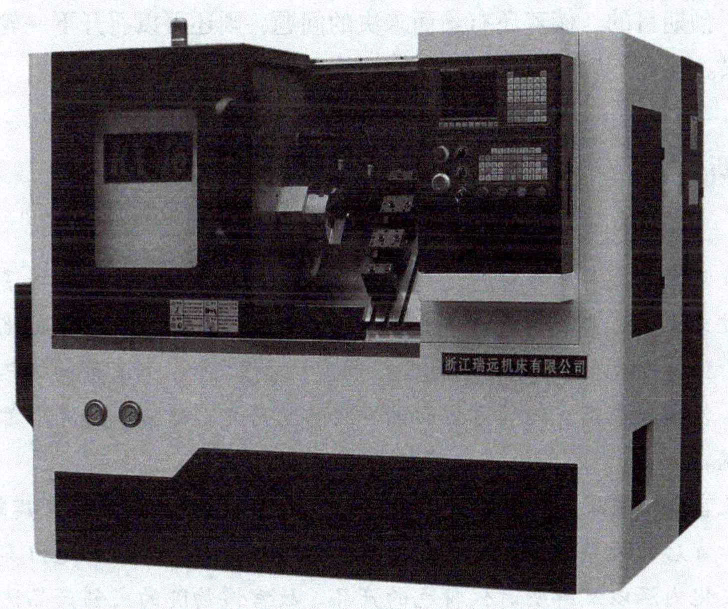

创客小讲堂

创客知识

1. 问题意识

创新的本质就是解决问题。发现问题是创新的开始，而发现问题的关键是问题意识。

问题意识是指人们在认识活动中，经常意识到一些难以解决的、疑惑的实际问题或理论问题，并产生一种怀疑、困惑、焦虑、探究的心理状态。

通俗地讲，就是意识到这里或那里有不合理、不方便、不安全等问题的敏感程度，这个敏感程度越强烈，问题意识也就越强，就越能促进思考，越能产生解决问题的紧迫感。

2. 头脑风暴

头脑风暴是指利用特定的会议形式，使与会者产生联想和创造性想象，激发灵感，以获得大量的创新设想的技法。这种技法一方面能够给与会者的大脑较多的信息刺激，最大限度地开拓思路，促进与会者把已有知识和所得信息围绕着要决断的问题重新安排，形成多种新的组合，从而产生大量的新设想；另一方面，能够提供一种鼓励与会者大胆思维和提出新设想的氛围，提高与会者的创新积极性。由于对思维的广度、深度、方向没有任何限制，头脑风暴通常能够打破常规的思维，产生大量创造性设想。

创客世界

头脑风暴是解决问题的好办法，那创客是如何开展头脑风暴呢？

（1）会议准备

1）选择会议主持人。会议主持人应熟悉头脑风暴的流程与方法，有一定的组织能力；对会议所要解决的问题有明确的理解，以便在会议中做启示引导；能灵活地处理会议中出现的各种情况，以保证会议按预定程序进行到底。

2）确定会议主题，明确要解决的问题。

3）确定参加会议人选。会议人数以 5 ~ 15 人为宜；人员的专业构成要合理，邀请本问题领域里的行家和少数其他领域里的行家。同一次会议中，与会者的知识水平、职务、资历等应大致相当，尽量选择一些对问题有实践经验的人。通常可选几个经验丰富的人组成核心小组，再视问题的特点扩充会议成员。

4）提前下达会议通知。提前几天将会议通知下达给与会者，有利于其思想上有所准备并提前酝酿解决问题的设想。会议通知应在通知上写明会议日期、地点、要解决的问题及其背景，若能附加几个设想示例更好。

（2）热身活动

会议开始前，为了让与会者尽快进入状态，形成一种有利于激发创造性思考的气氛，可以进行热身活动。热身活动所需时间和内容可根据问题内容确定，如看一段有关创造力的录像。讲一个灵活运用创造技法的小故事或出几道脑筋急转弯的题目，请与会者回答等。

（3）正式会议

1）明确问题。主持人向与会者简明扼要地介绍具有启发性的问题，使与会者对问题有一个全面了解，以便有的放矢地去进行创造性思考。

2）自由畅谈。这是头脑风暴最重要的环节。其要点是想方设法造成一种高度激励的气氛，使与会者能突破种种思维障碍和心理约束，让思维自由驰骋，借助与会者之间的知识互补、信息刺激和情绪激励，提出大量有价值的设想。

在这个过程中，无论是主持人还是与会者，都不允许打断任何人的任何想法，即便这个想法听起来不合理，也不要打断发言者的想法，不否定、不评价、不打断是这个阶段的原则。为了最大限度地激发与会者的思路，这个阶段要坚决执行“三不”原则。

3）加工整理。会议结束后，主持人要组织专人对各种设想记录进行分类整理，去粗取精。如已经获得解决问题的满意答案，该次头脑风暴会议就完成了预期目的。倘若还有悬而未决的问题，则还可以召开下一轮头脑风暴会议。

创新故事

文化自信创新赋能

故宫文创成为故宫对外进行文化传播的重要载体，不仅宣传了中国传统文化，还为公共教育事业提供了资金助力。故宫在中国文化体系中的独特性就在于，从无形的礼仪制度、思想文化，到有形的工艺、技术、艺术，中华文化的方方面面在故宫的历史、建筑、藏品中都有所体现。

故宫博物院深度挖掘了中国古代优秀传统文化元素，将故宫建筑、文物和背后的故事融合在现代人喜欢的时尚表达理念中，打造出具有故宫文化内涵以及鲜明时代特色的产品。故宫博物院的文创产品达到了历史性与时代性、思想性与观赏性、科学性与艺术性、学术性与趣味性、知识性与通俗性的充分结合。故宫文创贴近群众实际需求，深受消费者喜爱，宣传了中国历史文化，挖掘了藏品的内涵，做到了用文化来影响人们的生活。故宫文创的成功，归根结底依靠的是中华民族优秀传统文化，是中国人“文化基因”发挥的强大认同感。

创客思维训练

活动一　发现问题

问题意识是创新的基础，在专业学习过程中，你了解到的前沿技术问题有哪些？解决前沿技术问题的瓶颈在哪里？你能提出哪些解决前沿技术问题的方案？回顾专业学习过程，你困惑的专业问题有哪些？对于困惑的专业问题，你是怎样解决的？按照要求填写表 2-1。

活动二　头脑风暴

设计一种新型的眼镜，或设计一种大学校园内使用的理想化交通工具。可以任选一个主题，头脑风暴会议用时 30 分钟。

活动步骤

步骤一：划分小组，采用随机的方式进行分组，每组 6~8 人为宜，每个小组选出主持人。

步骤二：根据所选的议题，组织头脑风暴会议，坚决执行“三不”原则，一旦有违反“三不”原则的行为要立即制止。主持人态度要温和，要努力驾驭头脑风暴会议的气氛，让与会者始终处于思维极度活跃的状态。安排专人记录每一种设想。

步骤三：汇总所有的设想，看看什么设想可以采纳。

表 2-1　发现问题

序号要求	前沿技术问题	解决前沿技术问题的瓶颈	解决前沿技术问题的方案	困惑的专业问题	解决困惑的专业问题的方案
1					
2					
3					
4					
5					
问题意识自我评价	（要求 300 字左右）				

创客体验　制作飞转陀螺

学习目标

- 能够按照项目要求，结合现有设备及人员情况，制订出飞转陀螺项目实施计划。
- 能够对飞转陀螺加工尺寸精度和表面质量做出评价。
- 能够对飞转陀螺外形质量做出评价。
- 能够对飞转陀螺进行创意装饰。
- 能够精彩展示项目制作过程及收获。

项目发布

陀螺是我国民间传统体育活动的工具，在北方又称为“冰猴”。抽“冰猴”就是用绳子绕在陀螺上，然后用力一拉，“冰猴”就在冰面或雪地上旋转，接着玩者对它不停地抽打，使它在冰面或雪地上长久地转动。陀螺是非常受欢迎的玩具。

现收到任务：六一儿童节就要到了，给育才小学加工 30 个飞转陀螺，送给三年级的小朋友作为六一儿童节礼物。要求每名同学制作一个，外形尺寸达到图纸（图 2-1）要求，工件表面质量优良，圆弧连接顺畅；并进行个性化装饰设计，使飞转陀螺外观既有童趣又具有艺术性。

具体技术指标如下：

1. 飞转陀螺零件尺寸及表面质量达到图纸要求。
2. 按照时间节点完成任务。
3. 加工完成后，飞转陀螺能够正常转动。
4. 色彩鲜明艳丽。

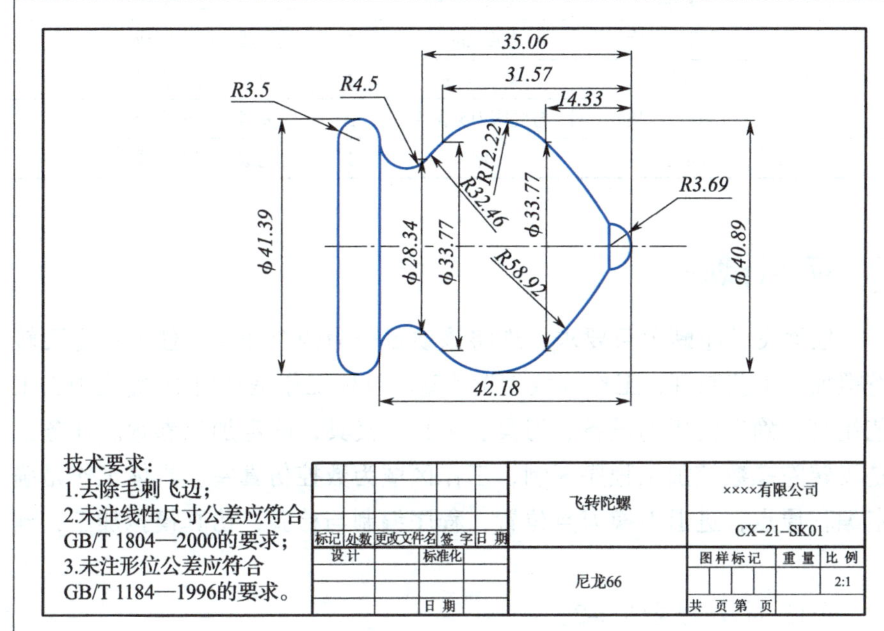

图 2-1　飞转陀螺零件图

项目准备

填写表 2-2，准备完成项目所需的设备。

表 2-2　项目准备

序号	种类	名称	规格与型号	数量	准备情况	替换工具
1	工具	刀架扳手	与机床刀架配套	1	□完成　□未完成	
		自定心卡盘扳手	与机床卡盘配套	1	□完成　□未完成	
2	软件	自动编程软件	CAM 编程软件	1	□完成　□未完成	
		斯沃数控仿真软件	略	1	□完成　□未完成	
3	设备	数控车床	略	1	□完成　□未完成	

（续）

序号	种类	名称	规格与型号	数量	准备情况	替换工具
4	量具	游标卡尺	0.02mm/0~150mm	1	□完成　□未完成	
5	毛坯	尼龙 66 毛坯	ϕ45mm × 80mm	30	□完成　□未完成	
6	刀具	切槽刀片	宽度 2mm	1	□完成　□未完成	
		切槽刀片	宽度 4mm	1	□完成　□未完成	
		切槽刀刀柄	与机床刀架配套	2	□完成　□未完成	
7	夹具	自定心卡盘	略	1	□完成　□未完成	

项目计划

根据飞转陀螺项目要求，现将该项目分为四个任务。任务一是飞转陀螺加工工艺制订，工作区域为设计室。具体工作是利用 1h 完成加工工艺制订，确定使用的设备、刀具、量具、夹具，确定加工参数。任务二是飞转陀螺数控加工程序编制，工作区域为数控仿真室。具体工作是确定编程原点，进退刀换刀点位置，程序编制与检验，仿真模拟加工，确保程序正确。计划用时 2h。任务三是飞转陀螺数控加工，工作区域为数控车削加工区域。具体工作是加工设备准备，工、量、刀具安装与调整，陀螺数控加工，计划 2h 完成陀螺的加工任务。任务四是飞转陀螺创意装饰，计划用时 1h。按照项目进度，完成飞转陀螺项目，具体项目实施计划见表 2-3。

表 2-3　飞转陀螺项目实施计划

项目分解	时间 /h						项目负责人
	1	2	3	4	5	6	
飞转陀螺加工工艺制订	▬						全体人员
飞转陀螺数控加工程序编制		▬	▬				全体人员
飞转陀螺数控加工				▬	▬		全体人员
飞转陀螺创意装饰						▬	全体人员

项目执行流程见图 2-2。

图 2-2　项目执行流程

项目实施

任务一　飞转陀螺加工工艺制订

职业活动

步骤一：备料

1）选择飞转陀螺零件的材料为尼龙 66。

2）根据飞转陀螺零件图（图 2–1）的标注，最大外径为 ϕ41.39mm，长度为 49.18mm，毛坯直径选择为 ϕ45mm，长度为 80mm 或者更长，依次加工切断。

步骤二：制订加工工艺

1. 工件装夹方案的确定

该零件为单侧加工，可以选择夹住左端，加工右端。夹具选择自定心卡盘，夹持位置为工件伸出 62mm，如图 2–3 所示。

职业知识

尼龙 66 性能

名称	聚己二酰己二胺	熔点	150~250℃
抗张强度	104kPa	密度	1.05~1.15kg/m^3
性能	机械强度和硬度很高，刚性很大。		
应用	制作机械附件如齿轮、润滑轴承，代替有色金属材料制作机器外壳、汽车发动机叶片等，也可用于制作合成纤维。		

毛坯的选择原则

1）避免浪费，在满足加工要求的前提下，用料越少越好。

2）毛坯尺寸要求选择比成品尺寸大 3~5mm。

3）成品最大外径为 ϕ41.39mm，毛坯的直径可以选择范围为 ϕ45mm~ϕ50mm。根据毛坯材料供货，市场供料尺寸一般为 ϕ50mm。

4）成品总长度为 49.18mm，毛坯的长度可以选择范围为 60~65mm，需要预留装夹部分，适当增加长度。

所以本任务毛坯选择为 ϕ45mm × 80mm。

夹紧装置的基本要求

1）夹紧时应保持工件定位后占据正确位置。

2）减少装夹次数，尽可能在一次定位装夹后，加工出全部待加工表面。

3）夹紧力大小要适当。

4）夹紧机构尽可能选择标准化元件。

5）夹紧动作要迅速、可靠，且操作要方便、省力、安全。

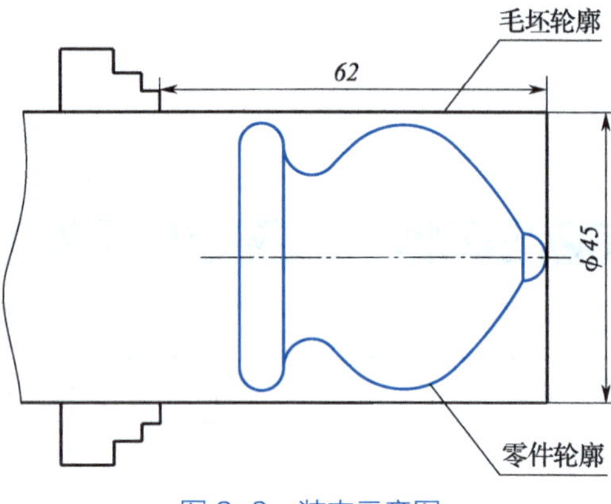

图 2-3 装夹示意图

2. 选择工、量、刀具、夹具

1）常规工具：自定心卡盘扳手、刀架扳手。

2）量具：游标卡尺 0~150mm，精度 0.02mm。

3）刀具：2mm 切槽刀片、4mm 切槽刀片。

4）夹具：自定心卡盘。

3. 确定加工工艺路线

1）粗精加工外轮廓：粗加工主轴转速 800r/min，进刀量 40mm/min，粗加工精度 0.02mm，粗加工余量 0.2mm（精车余量）；精加工主轴转速 800r/min，进刀量 40mm/min，精加工精度 0.01mm，精加工余量为 0mm。

2）切断：切断工件，保证零件长度。

数控车床常用的装夹方式

自定心卡盘装夹具有装夹简单、夹持范围大和自动定心的特点，主要用于装夹加工圆柱形轴类零件和套类零件，是数控车床最常用的装夹方式。	单动卡盘装夹装夹时，必须进行工件找正。适用于装夹形状不规则或大型的工件，夹紧力较大，装夹精度较高，但装夹不如自定心卡盘方便。

工序的划分依据

划分方法	适用场景
按所用刀具划分，以同一把刀具完成的那一部分工艺过程为一道工序。	适用于工件待加工面较多，机床连续工作时间较长，加工程序的编制和检查难度较大等情况。
按安装次数划分，以一次安装完成的那一部分工艺过程为一道工序。	适用于加工内容不多的工件，加工完成后就能达到待检状态。
按粗、精加工划分，粗加工完成的那一部分工艺过程为一道工序，精加工完成的那一部分工艺过程为一道工序。	适用于加工后变形较大，需粗、精加工分开的工件，如毛坯为铸件、焊接件或锻件的工件。

工序的划分依据

任务二　飞转陀螺数控加工程序编制

职业活动

步骤一：设置编程坐标系

编程坐标系设置于工件右端面，如图 2-4 所示。

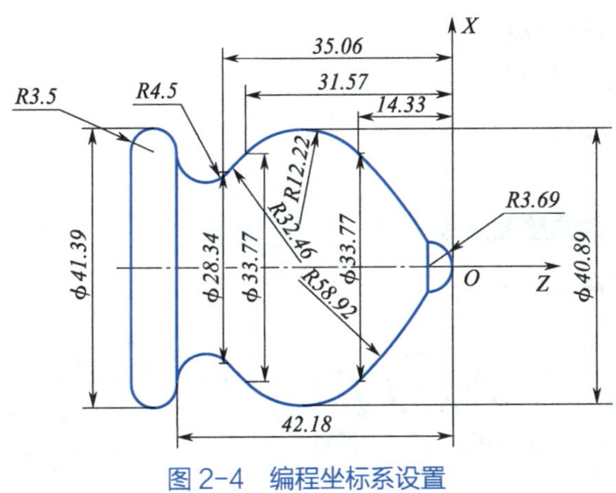

图 2-4　编程坐标系设置

步骤二：确定基点坐标

参照飞转陀螺零件图（图 2-1），确定基点坐标。轨迹延长到 *G* 点，如图 2-5 所示。

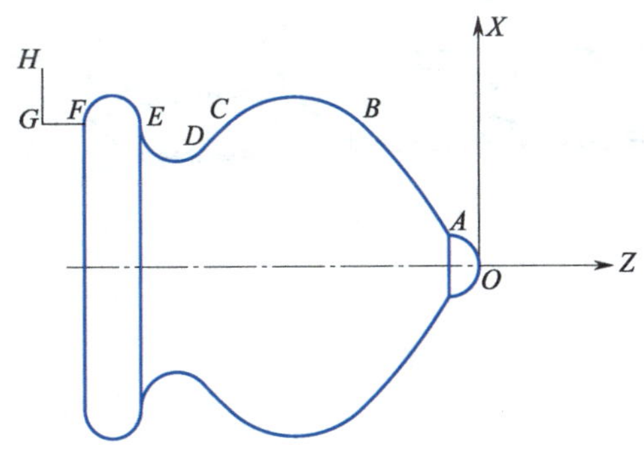

图 2-5　基点坐标标示图

职业知识

工件原点的选取

编程人员选择工件上的某一已知点为原点（也称程序原点），建立一个新的坐标系，称为工件坐标系。工件原点一般按如下原则选取：

工件坐标系及工件原点的建立

1）工件原点应选在工件图样的尺寸基准上。这样可以直接用图纸上标注的尺寸计算编程点的坐标值，减少数据换算的工作量。

2）能使工件方便地装夹、测量和检验。

3）尽量选在尺寸精度比较高的工件表面上，这样可以提高工件的加工精度和同一批零件的一致性。

4）对于对称几何形状的零件，工件原点最好选在对称中心点上。

绝对坐标尺寸与相对坐标尺寸

绝对坐标尺寸	相对坐标尺寸
绝对坐标尺寸指机床运动部件相对于坐标原点给出的坐标尺寸值。	相对坐标尺寸指机床运动部件相对于前一位置给出的坐标尺寸值。
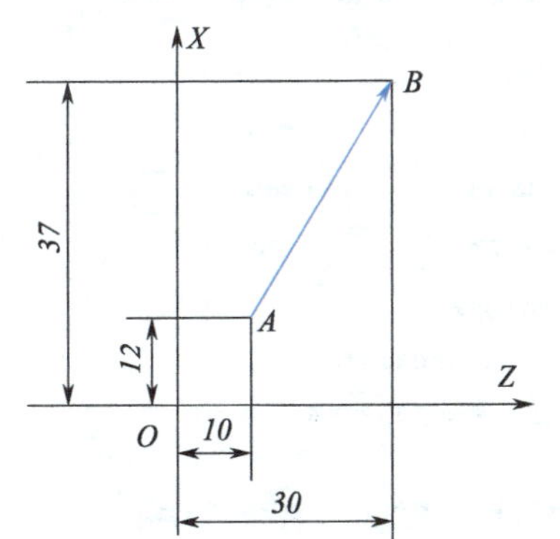	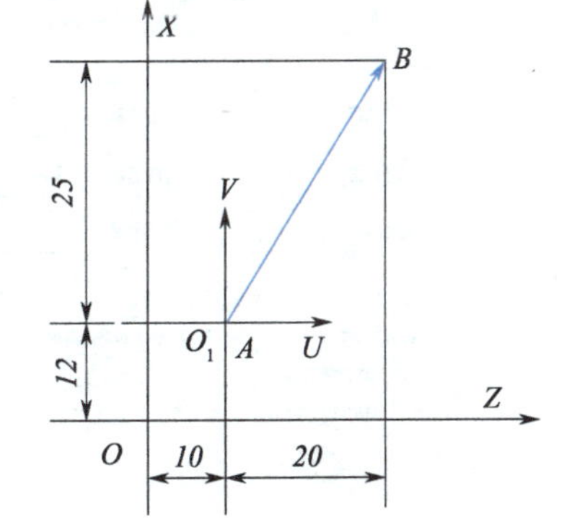

步骤三：绘图

利用 CAM 编程软件，进行零件轮廓图绘制，结果如图 2-6 所示。

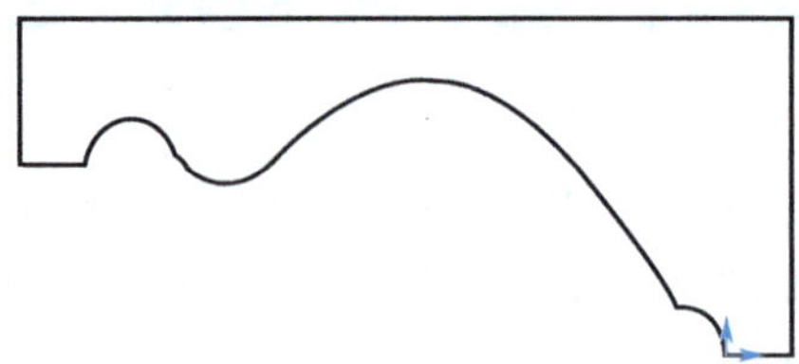

图 2-6 零件轮廓图

步骤四：程序编制

1. 设置加工参数（图 2-7）

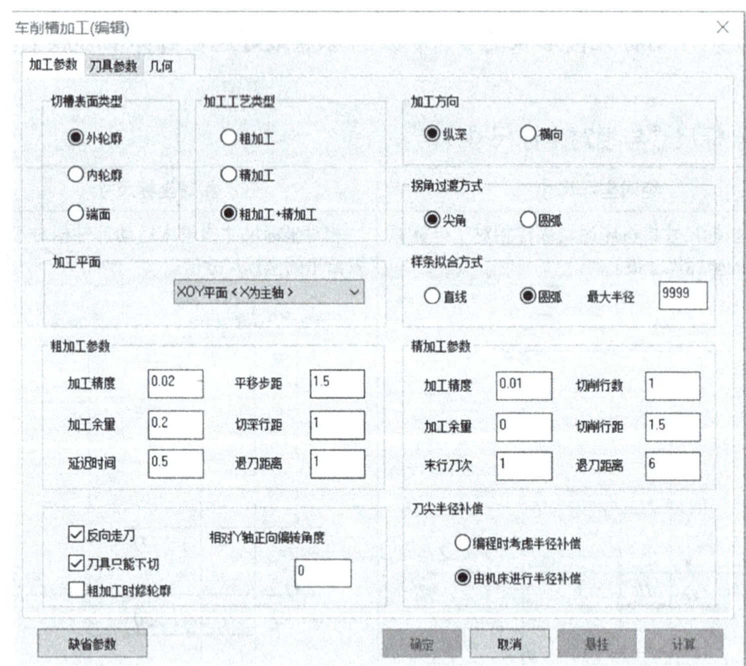

图 2-7 设置加工参数

CAM 编程功能

CAM 编程利用计算机以人机交互图形方式完成从零件几何形状计算机化、轨迹生成与加工仿真到数控程序生成全过程。计算机辅助编程主要由以下五部分组成。

1）零件的几何建模。

2）加工方案与加工参数的合理选择。

3）刀具轨迹生成。

4）数控加工仿真。

5）后置处理。

CAM 编程软件的绘图命令

常用绘图命令如下。

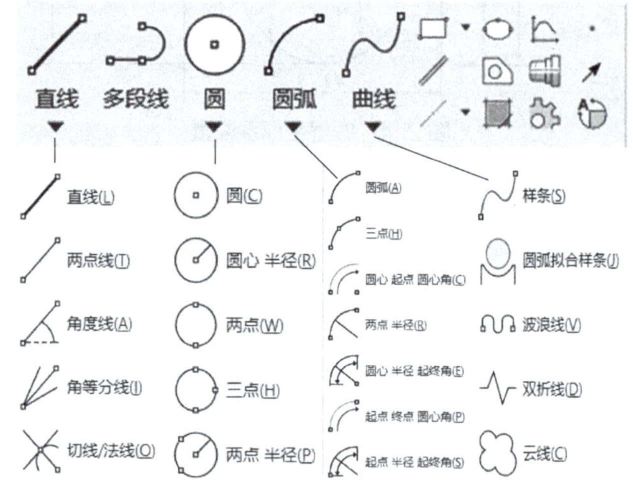

2. 设置刀具切槽车刀的参数（图 2-8）

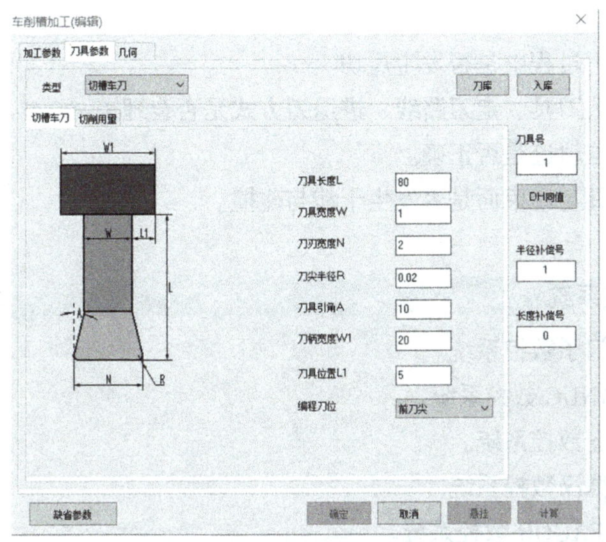

图 2-8　设置刀具切槽车刀的参数

3. 设置刀具切削用量的参数（图 2-9）

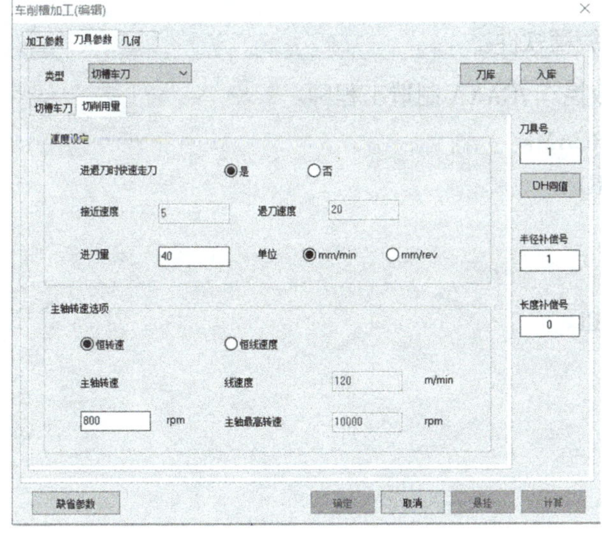

图 2-9　设置刀具切削用量的参数

常用数控车刀的种类、形状及用途

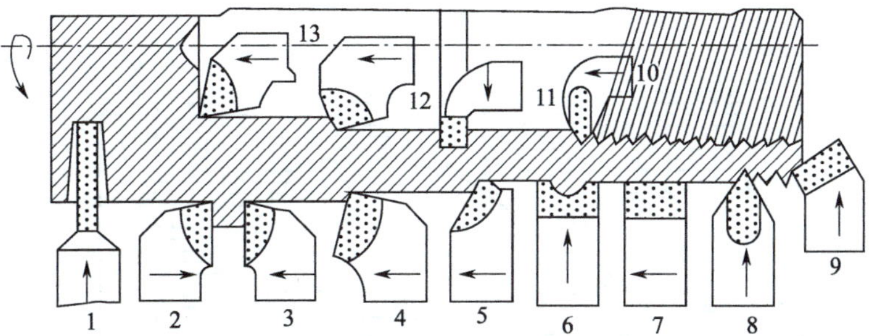

1—切断刀　2—右偏刀　3—左偏刀　4—弯头车刀　5—直头车刀　6—成形车刀　7—宽刃精车刀　8—外螺纹车刀　9—端面车刀　10—内螺纹车刀　11—内切槽刀　12—通孔车刀　13—不通孔车刀

可转位车刀的结构形式

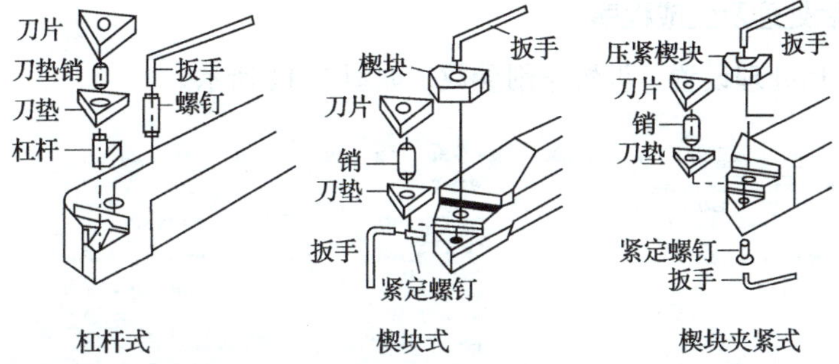

杠杆式　楔块式　楔块夹紧式

切削用量的设置依据

选用原则	主要原因
粗加工时，应根据刀具的切削性能和机床性能选择切削用量。	在保证加工质量的前提下，充分利用刀具的切削性能和机床性能，获得高生产率和低加工成本的切削用量。
精加工时，应根据零件的加工精度和表面质量来选择切削用量。	

数控车刀的选用

杠杆式可转位车刀的结构

楔块式可转位车刀的结构

4. 刀具轨迹仿真（图 2-10）

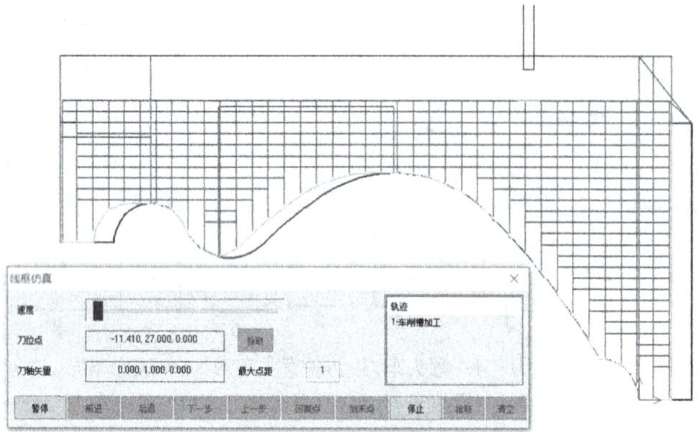

图 2-10　刀具轨迹仿真

5. 后处理及生成程序

1）后处理设置。设置车削参数，如图 2-11 所示。

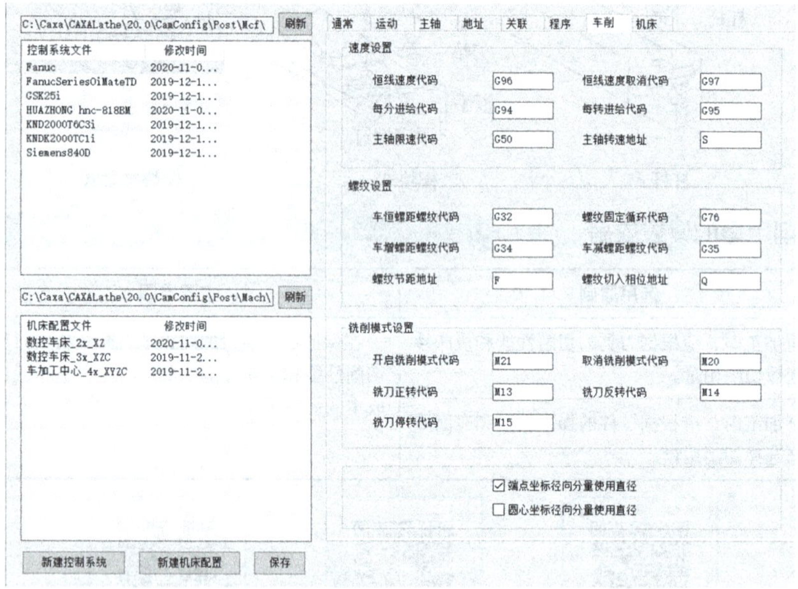

图 2-11　车削参数

刀具轨迹仿真作用

检查刀具位置计算是否正确。

检查加工过程中是否发生过切。

检查所选刀具、走刀路线、进退刀方式是否合理。

检查刀位轨迹是否正确。

检查刀具与约束面是否发生干涉与碰撞。

常用的数控系统

德国西门子数控系统。

日本 FANUC 数控系统。

日本三菱数控系统。

德国海德汉数控系统。

西班牙 FAGOR 数控系统。

华中数控。

广州数控。

常用的自动编程软件

CAXA 数控车 /CAXA 制造工程师。

MASTERCAM。

CIMATRON。

UG NX。

PRO/E。

Power Mill。

ESPRIT。

CATIA。

2）后置处理设置。选择控制系统文件、机床配置文件及轨迹，如图 2–12 所示。

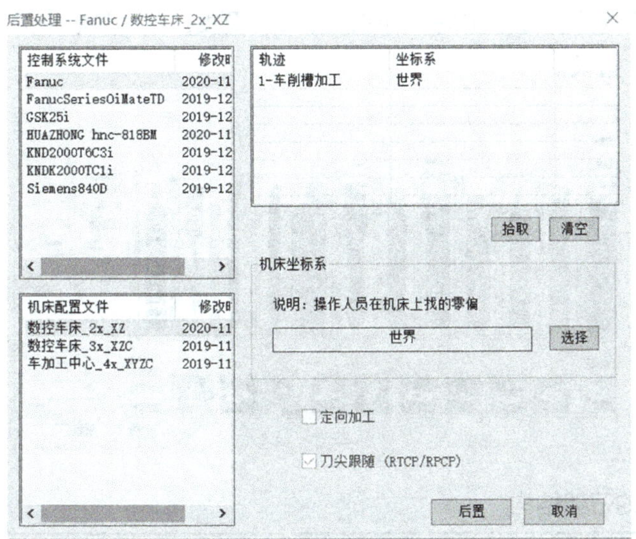

图 2–12 后置处理设置

3）生成程序，保存文件，如图 2–13 所示。

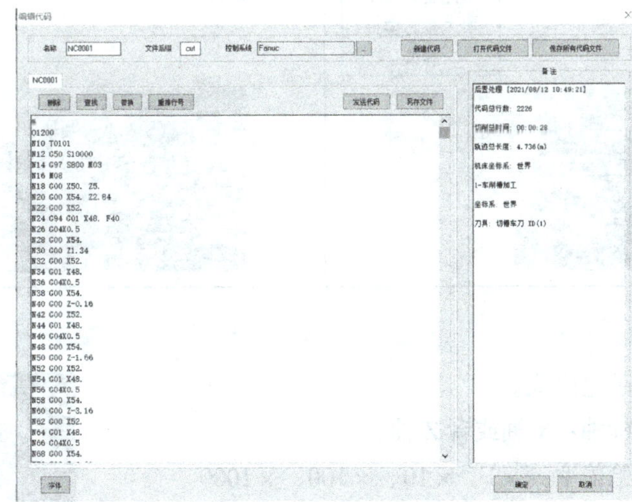

图 2–13 程序生成

数控程序的基本结构

每一个程序都是由程序号、程序内容和程序结束三部分组成。字母和数字组成字，字组成程序段，程序段组成程序。

1）程序号。程序号为程序的开始部分。为了区别存储器中的程序，每个程序都要有程序编号。例如，FANUC 系统采用英文字母“O”作为程序编号地址；华中数控系统采用“%”作为程序编号地址。

2）程序内容。程序内容是整个程序的核心，由许多程序段组成，每个程序段由一个或多个指令组成。

3）程序结束。以程序结束指令 M02 或 M30 作为整个程序结束的符号。

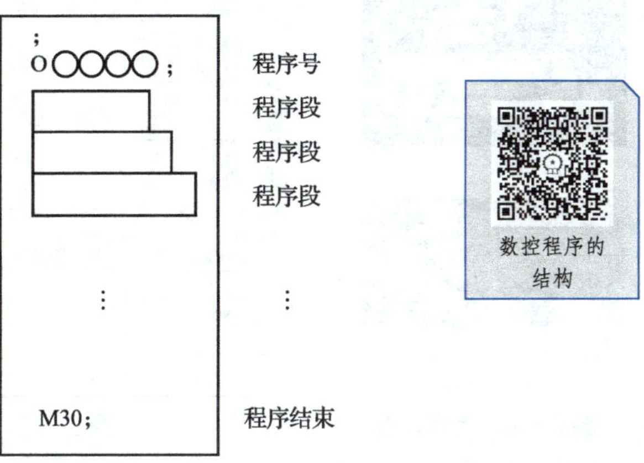

程序段格式

一个程序段由字、符号、数字组成。常用的字地址程序段格式如下：

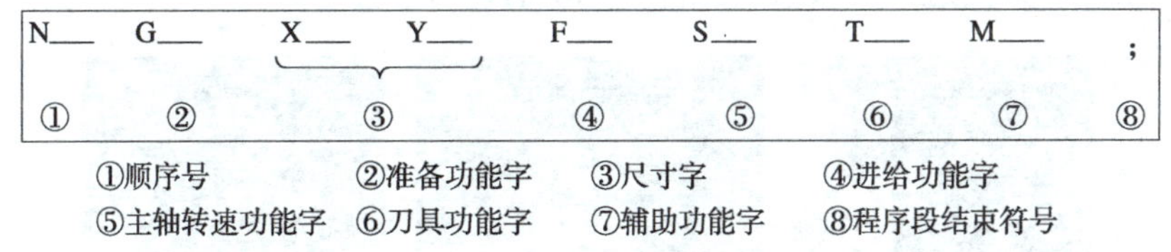

步骤五：程序仿真验证

1）开启斯沃数控仿真软件，选择 FANUC 0i T 数控系统。

2）解开急停和程序保护。

3）安装工件与刀具。

① 设置毛坯及安装工件：设置直径与长度，选择默认夹具类型，单击“确定”按钮，如图 2–14 所示。

② 安装刀具：在刀具库管理界面中，选择“割刀”，双击进入编辑，调整刀片厚度为 2mm 后，添加到刀盘，选择刀位号即可，如图 2–15 所示。

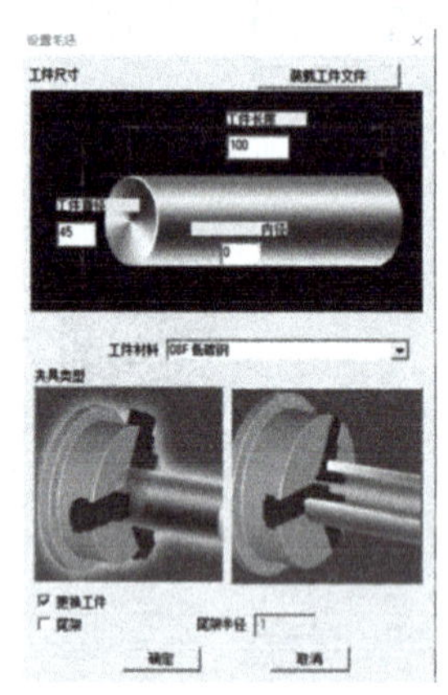

图 2–14　毛坯设置

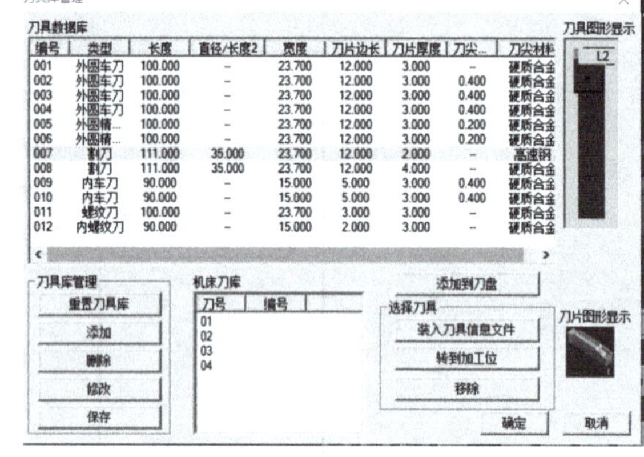

图 2–15　刀具设置

4）对刀操作。

① Z 向对刀：刀具手动靠近工件，到达如图 2–16 所示位置后，启用手轮，沿 –Z 方向进刀，接触到工件，见切屑即可。

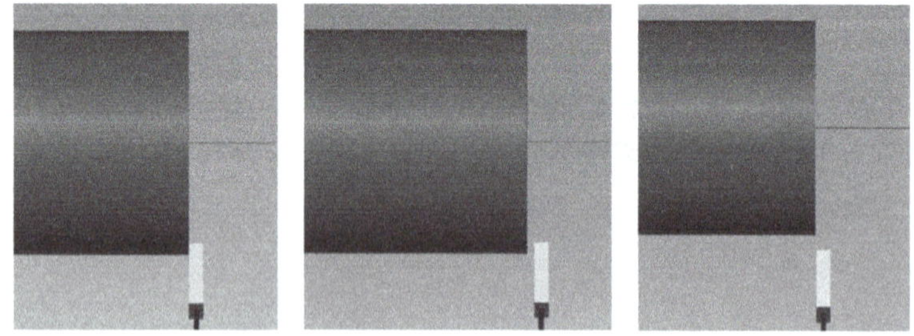

图 2–16　Z 向对刀操作刀具位置

仿真软件的刀具编辑

- 选择需要使用的刀具类型。
- 可修改刀杆参数中的刀杆长度、刀杆宽度；刀片参数中的刀片厚度、刀片边长。

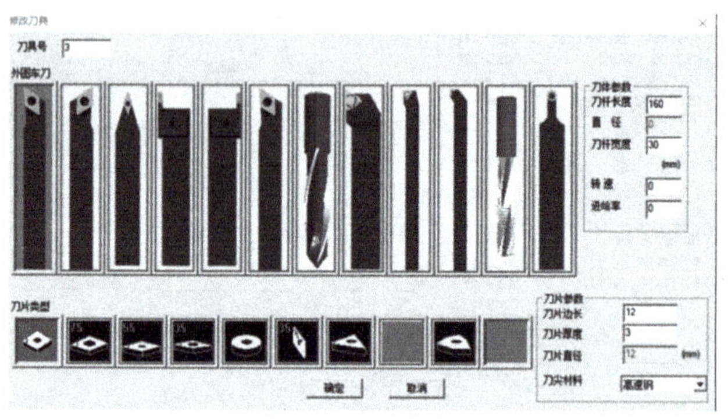

数控车床的刀架结构

前置刀架：四工位，电动，主要用于经济型数控车床，精度最差，装刀数量少，换刀时间长。

四工位刀架的拆装

后置刀架：六工位（或更多），电动或液压，装刀数量有 6 把、8 把、12 把等。电动的，精度差、换刀时间长。液压的，精度高，换刀时间短，但价格贵。

手轮操作

切换到手轮模式。

选择坐标轴：X 轴或者 Z 轴。

选择进给倍率：×1、×10、×100、×1000。

沿 +X 方向退刀。

操作面板上，选择 OFFSET SETTING，选择补正中的形状，找到对应刀具号，输入“Z0.”后，单击“测量”，如图 2–17 所示。完成 Z 向对刀。

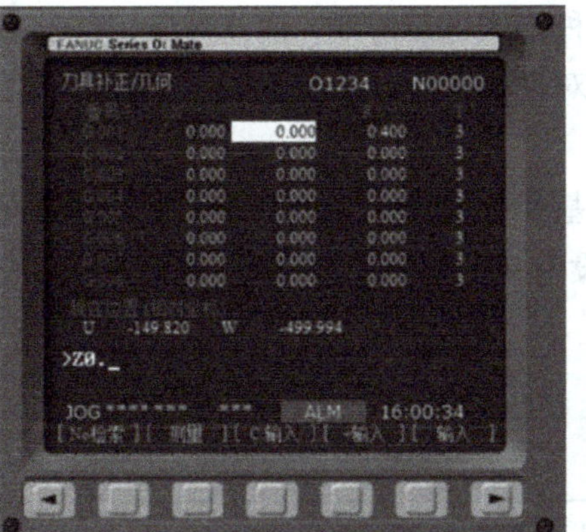

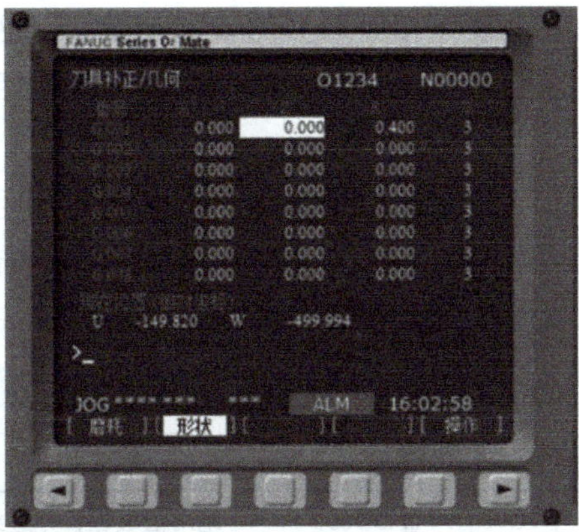

图 2–17　Z 向对刀操作位置输入

②X 向对刀：刀具手动靠近工件，到达如图 2–18 所示位置后，启用手轮，沿 –X 方向进刀，接触到工件，见切屑即可。

沿 +Z 方向退刀。

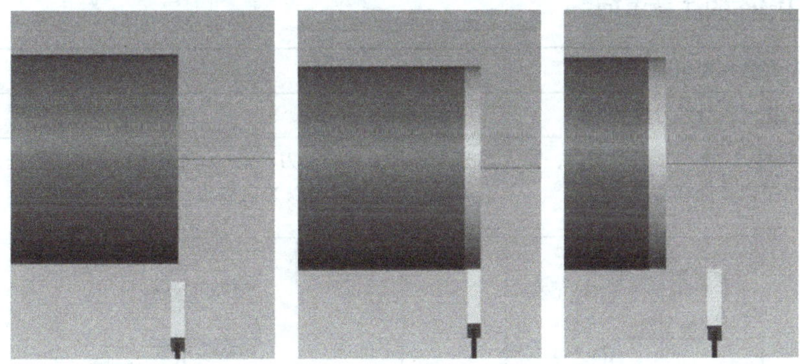

图 2–18　X 向对刀操作刀具位置

主轴停转，选择“工件测量”，测量试切部分直径尺寸，为 44.86mm。

操作面板上，选择 OFFSET SETTING，选择补正中的形状，找到对应刀具号，输入“X44.86”，单击“测量”，如图 2–19 所示。完成 X 向对刀。

数控车床坐标系的确定

- 机床相对运动的规定

在机床上，我们始终认为工件静止，而刀具是运动的。这样编程人员在不考虑机床上工件与刀具具体运动的情况下，就可以依据零件图样，确定机床的加工过程。

- 机床坐标系的规定

标准机床坐标系中 X、Y、Z 坐标轴的相互关系用右手笛卡尔直角坐标系决定。

Z 坐标的运动方向是由传递切削动力的主轴所决定的，即平行于主轴轴线的坐标轴即为 Z 坐标，Z 坐标的正向为刀具离开工件的方向。

X 坐标平行于工件的装夹平面，一般在水平面内。如果工件做旋转运动，则刀具离开工件的方向为 X 坐标的正方向。

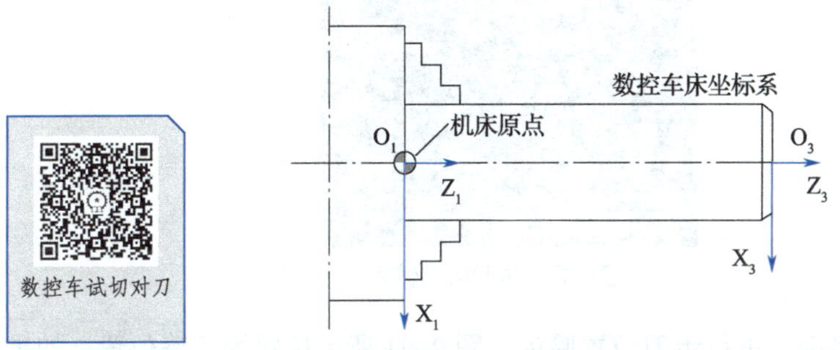

对刀的方法

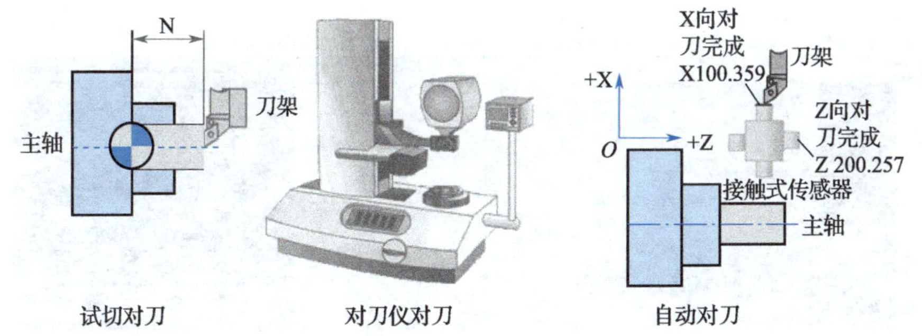

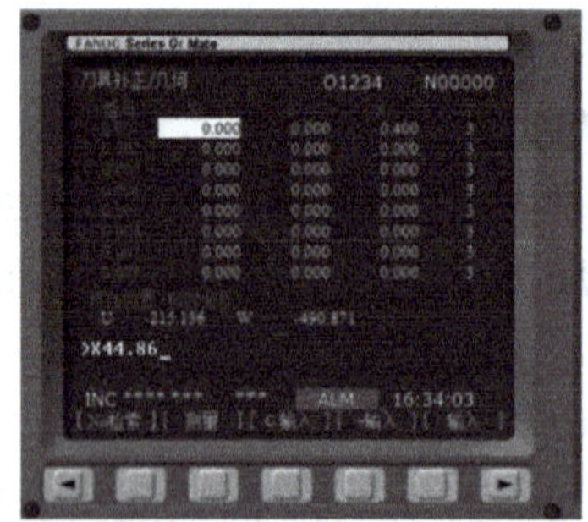

图 2-19　X 向对刀操作位置输入

③对刀检验：选择“MDI”方式，输入机床主轴启动指令，刀具选择指令，直线插补走刀位置，主轴停止指令，如图 2-20 所示。

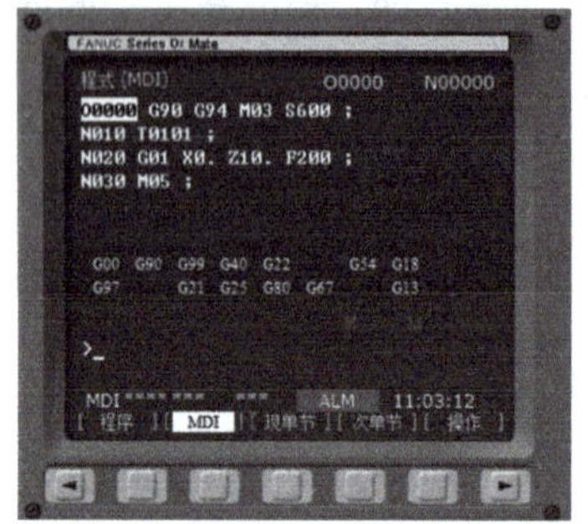

图 2-20　对刀检验输入

按循环启动，进行走刀位置验证。图 2-21 所示位置为正确位置，如果刀具远离工件，即对刀错误，需要重新对刀。

图 2-21　对刀检测位置

多刀对刀的相关知识

数控系统多刀对刀的组合设置方式有：①绝对对刀；②相对对刀。

绝对对刀是用每把刀在加工余量范围内进行试切对刀，将得到的偏移值设置在相应刀号的偏置补偿中。这种方式思路清晰，操作简单，各个偏移值不互相关联，因而调整起来也相对简单，所以在实际加工中得到广泛应用。

相对对刀是选定一把基准刀，用基准刀进行试切对刀，将基准刀的偏移设置为 G50，将基准刀的刀偏补偿设为 0，而将其他刀具相对于基准刀的偏移值设置在各自的刀偏补偿中。

对刀检验程序的注释

MDI 模式

G90 G94 M03 S600	绝对值编程，分进给，主轴正转，转速 600r/min。
T0101	选择 1 号刀具，1 号刀补。
G01X0.Z10.F200	直线插补，刀具以 200mm/min 速度，运动到 X0.Z10. 位置。
M05	主轴停止转动。

对刀操作的注意事项

<table>
<tr><td colspan="2">测量外径数据要正确</td></tr>
<tr><td colspan="2">输入数据时，看好刀具号</td></tr>
<tr><td>Z 向对刀：沿 +X 向退出后，输入数据，然后刀具可以 Z 向移动。
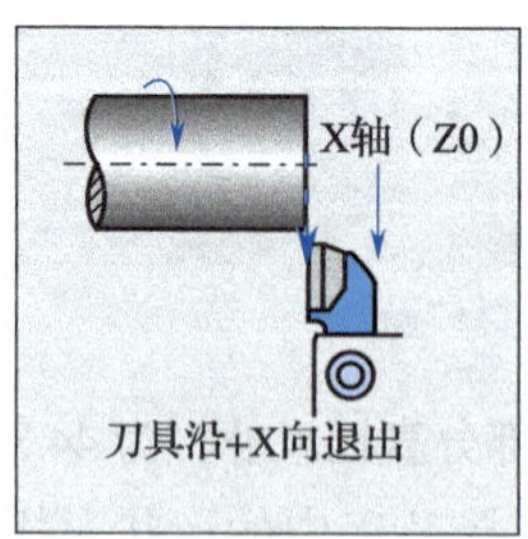
</td><td>X 向对刀：沿 +Z 向退出后，输入数据，然后刀具可以 X 向移动。
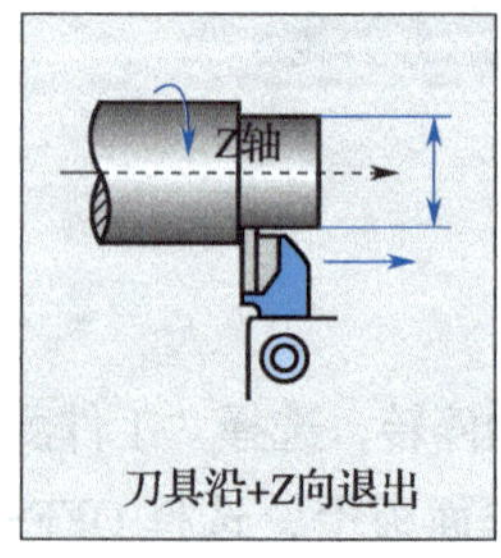
</td></tr>
</table>

5）仿真加工

① 选择自动，开启单段，按循环启动。

② 程序执行单段到预定位置，如图 2-22 所示。如位置正确，可取消单段加工。

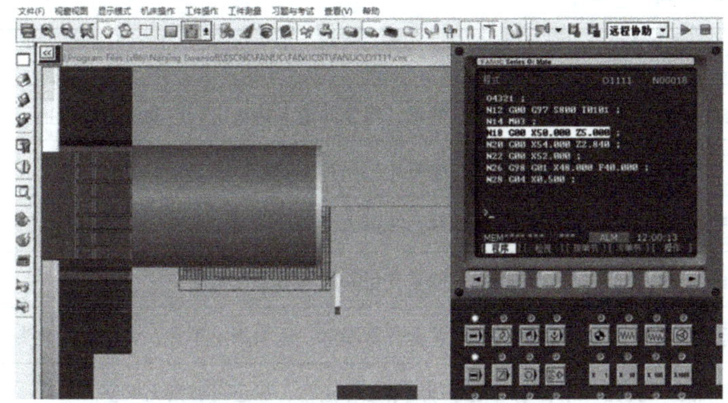

图 2-22　程序执行单段到预定位置

③ 执行自动加工，完成零件的加工，如图 2-23 所示。

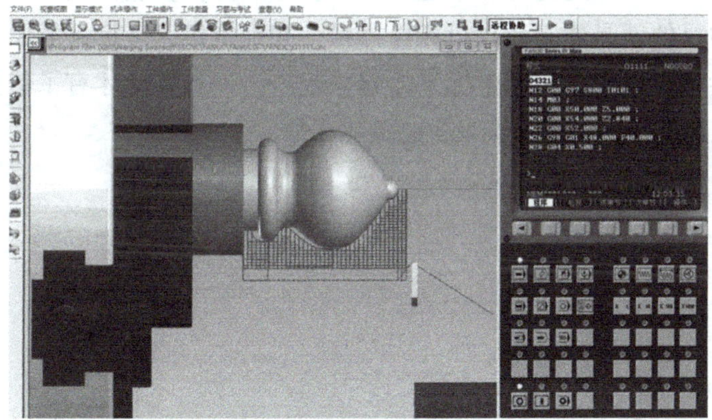

图 2-23　零件仿真加工完成

仿真操作状态选择

	AUTO（MEM）键（自动模式键）：进入自动加工模式。
	EDIT 键（编辑键）：用于直接通过操作面板输入数控程序和编辑程序。
	MDI 键（手动数据输入键）：用于直接通过操作面板输入数控程序和编辑程序。
	文件传输键：通过 RS232 接口把数控系统与计算机相连并传输文件。
	REF 键（回参考点键）：通过手动回机床参考点。
	JOG 键（手动模式键）：通过手动连续移动各轴。
	INC 键（增量进给键）：手动脉冲方式进给。
	HNDL 键（手轮进给键）：按此键切换成手摇轮移动各坐标轴。

仿真软件功能优势

显示模式拥有多种选择。	拥有录制功能，便于学习记录。
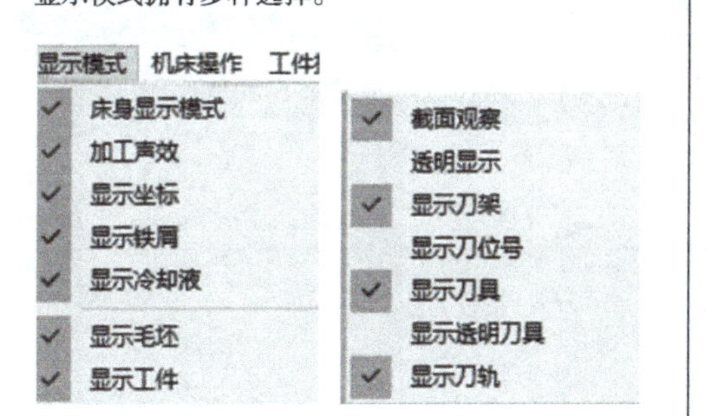	

任务三　飞转陀螺数控加工

职业活动

步骤一：加工准备

1）接通设备总电源，旋开机床开关，等待机床自检 3~5 秒。

2）旋开急停开关，打开程序保护开关。

3）回零。

4）工件安装。

5）刀具安装。2mm 切刀安装在 1 号刀位，4mm 切刀安装在 2 号刀位，外圆车刀安装在 3 号刀位。

6）在 MDI 方式下，输入程序，使主轴正传。

7）手动车平工件端面。

职业知识

机床日检项目

检查部位	检查要求
导轨润滑油箱	检查油标、油量，检查润滑泵能否定时启动供油及停止。
X、Z 轴向导轨面	清除切屑，检查导轨面有无划伤。
压缩空气气源压力	检查气动控制系统压力。
主轴润滑恒温油箱	工作正常，油量充足并能调节温度范围。
机床液压系统	油箱、液压泵无异常噪声，压力指示正常，管路及各接头无泄漏。
各电气柜散热通风装置	各电气柜冷却风扇工作正常，风道过滤网无堵塞。

回零（回参考点）

开机时必须首先进行刀架返回机床参考点操作，确认机床参考点。回参考点的目的就是建立数控机床坐标系，并确定机床坐标系的原点。只有机床回参考点以后，机床坐标系才建立起来，刀具移动才有了依据，否则不仅加工无基准，而且还会发生碰撞等事故。

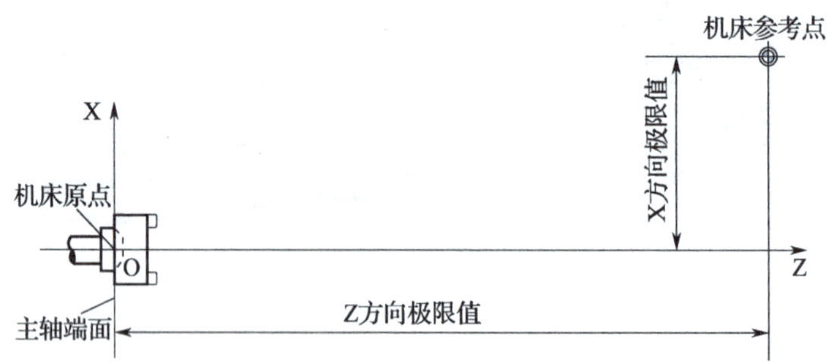

步骤二：对刀

1. 对刀操作

1）Z 向对刀。

① 手动慢慢靠近工件，接近后使用手轮，调整进给速度，-Z 向接触工件，见切屑后，沿 +X 向退刀。

② 操作面板上，选择 OFFSET SETTING，单击“补正”，选择“形状”，Z 找到对应刀具号，输入“Z0.”后，单击“测量”，完成 Z 向对刀。

2）X 向对刀。

① 手动慢慢靠近工件，接近后使用手轮，调整进给速度，-X 向接触工件，见切屑后，沿 +Z 向退刀，主轴停止，使用游标卡尺测量切削部分外径尺寸。

② 操作面板上，选择 OFFSET SETTING，单击“补正”，选择“形状”，X 找到对应刀具号，输入测量的直径尺寸值，单击“测量”，完成 X 向对刀。

2. 对刀检验

1）选择“MDI”方式，输入机床主轴启动指令，刀具选择指令，直线插补走刀位置，主轴停止指令。

2）按循环启动，进行走刀位置验证。如果刀具远离工件，即对刀错误，需要重新对刀。

刀具安装要求

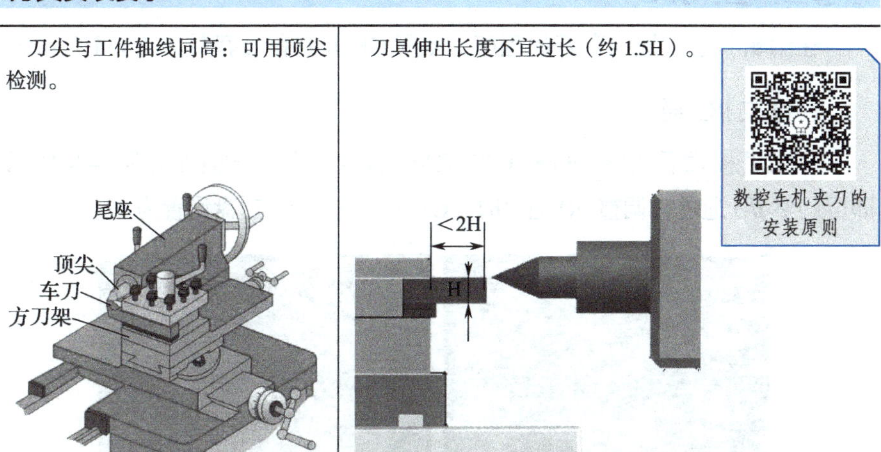

数控车床常用的测量工具

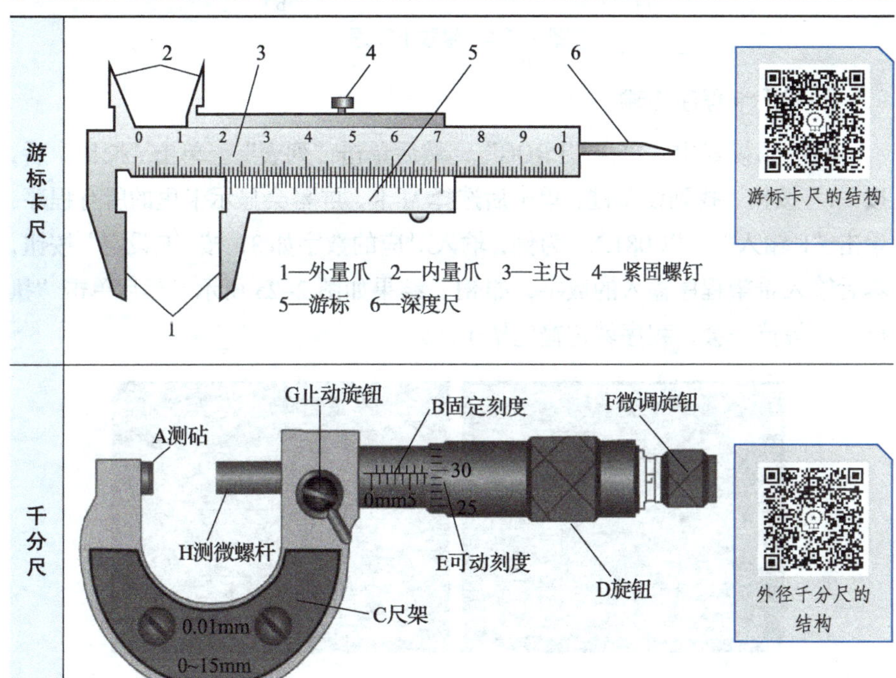

步骤三：程序导入

在编辑状态，把保存好的程序，使用 CF 卡或者 U 盘传入 FANUC 系统。

1. 修改 I/O 通道

“MDI”模式下，单击 OFFSET SETTING，找到设定，出现画面如图 2-24 所示，即可调整 I/O 通道。调整 I/O 通道时，CF 卡设置为 4，U 盘设置为 17。

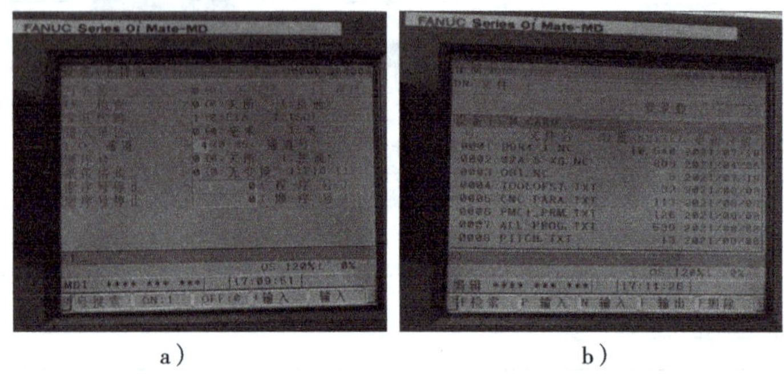

a）　　b）

图 2-24　修改 I/O 通道

2. CF 卡程序传输

在编辑模式中，单击“PROG”，然后单击“列表”。单击“操作”后，按“+”按钮，找到设备键，单击后选择 M 卡，屏幕会显示卡里的所有程序，单击“F 输入”。以 081.NC 为例，输入对应的数字如 3，按“F 设定”按钮，然后输入希望程序输入的数字，如 81，结果如图 2-25 所示。然后单击“执行”，等待一会，程序就传输完毕了。

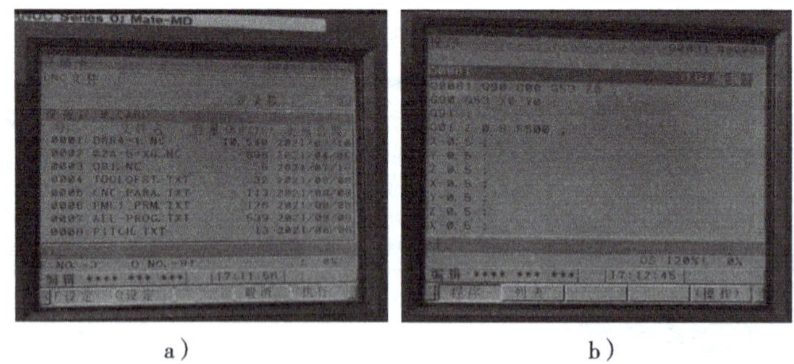

a）　　b）

图 2-25　CF 卡程序传输

在线加工模式

FANUC 0i 系统常见的数控机床 DNC 在线加工方式有四种，分别是：

- PC-RS232 方式；
- 存储卡方式；
- 数据服务器方式；
- 内嵌以太网方式。

FANUC 系统程序的查找与打开

方法一

- 按 EDIT 键，使机床处于编辑或自动工作模式下。
- 按 PROG（程序）键，显示程序画面。
- 按 [程序] 软键，按 [操作] 软键，出现 O 检索。
- 按 [O 检索] 软键，便可依次打开存储器中的程序。
- 输入程序名，如“O0003”，按 [O 检索] 软键便可打开该程序。

方法二

- 按 EDIT 键，使机床处于编辑或自动工作模式下。
- 按 PROG（程序）键，显示程序画面。
- 输入要打开的程序名，如“O0003”。
- 按光标向下移动键即可打开该程序。

FANUC 系统程序复制

程序的复制

- 按 EDIT 键，使机床处于编辑工作模式下。
- 按 PROG（程序）键，显示程序画面。
- 按 [操作] 软键。
- 按扩展键。
- 按软键 [EX-EDT]。
- 检查复制的程序是否已经选择，并按软键 [COPY]。
- 按软键 [ALL]。
- 输入新建的程序员（只输入数字，不输地址“O”）并按 INPUT 键。
- 按软键 [EXEC] 即可。

3. U 盘程序传输

I/O 通道设置为 17 后，查找设备界面选择“USB_MEM”，如图 2-26 所示，即可显示 U 盘中的程序。

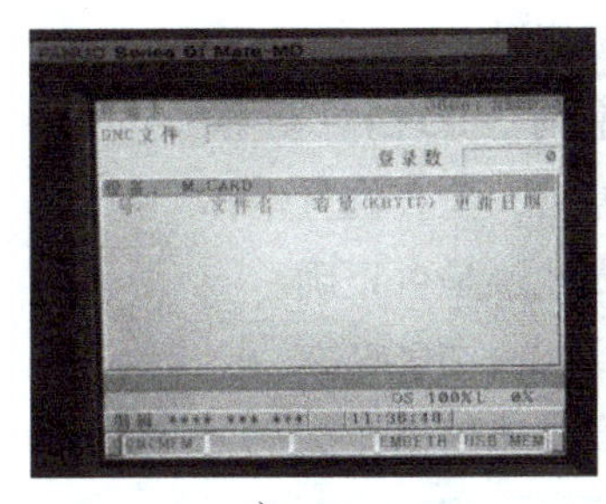

a）

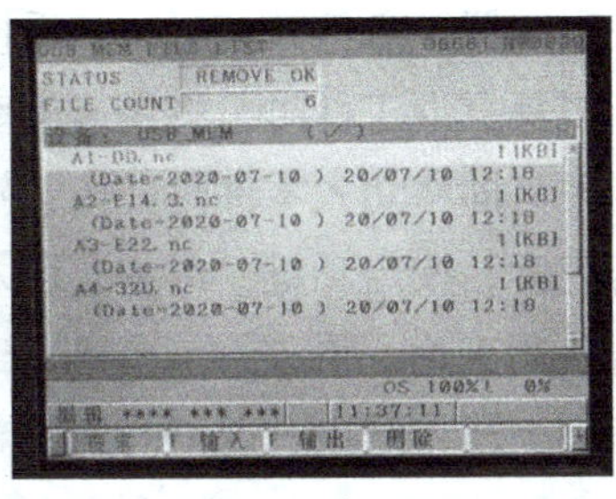

b）

图 2-26　U 盘内容读取

以 A1-DD.NC 为例，单击“输入”，然后出现输入名称界面，如图 2-27 所示，这里和 CF 卡程序传输比较，没有前面的序号，所以选择右端“+”按钮，出现“取得”按钮，单击“取得”按钮，名字被选中，然后单击“F 名称”按钮，设定名称。然后设置“O 设定”，即机床内部程序名字，然后单击“执行”按钮即可。

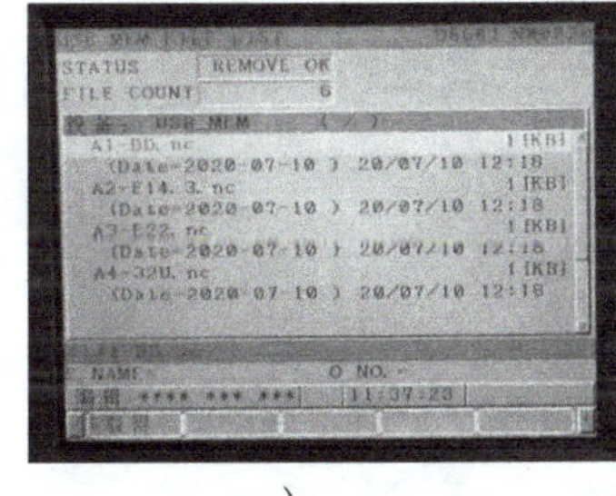

a）

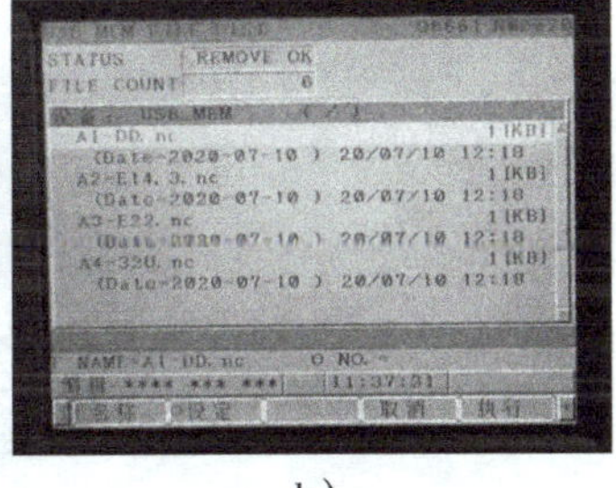

b）

图 2-27　U 盘程序导入名称设定

FANUC 系统程序删除

程序的删除

- 按 EDIT 键，使机床处于编辑工作模式下。
- 按 PROG（程序）键，显示程序画面。
- 输入要删除的程序名。
- 按 DELETE（删除）键，即可把该程序删除掉。

输入“O-9999”，再按 DELETE（删除）键，可删除所有程序。

操作注意事项

- 程序命名时不能取相同的程序名。
- 不可随意删除程序，特别是机床内部固定程序。
- 禁止修改机床参数值。

数控加工的安全操作要求

- 必须穿工作服，戴工作帽进入数控车间实训，操作时不允许戴手套。
- 严格遵守安全操作规程，确保人身和设备安全。
- 不擅自离岗和串岗。
- 操作时不得擅自调换工量具，不得随意修改机床系统参数和拆卸设备器材。
- 要爱护设备及工量具，做到分类合理、摆放整齐，归还及时，并能定期进行维护保养。

禁止戴手套进行机床操作

步骤四：数控加工

1）设置磨损，X 向 0.3~0.5mm。

2）按［PROG］，选择加工使用的程序。

3）选择自动状态，开启单段。

4）依次按循环启动键，程序走到定位点且位置正确后，可取消单段。

5）自动运行程序，加工完成。

6）测量工件尺寸，计算与图纸要求的尺寸差，修改磨损后，再次运行程序，完成零件加工。飞转陀螺展示如图 2-28 所示。

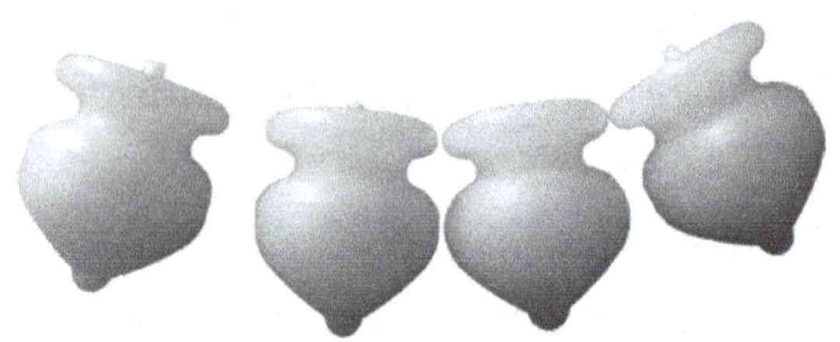

图 2-28　飞转陀螺展示

运行加工程序的规范操作步骤

- 将快速倍率置于较低档 50% 或 25%。
- 将进给倍率置于较低档 10%~30% 左右。
- 一只手置于急停处，另一只手按启动。
- 当刀具靠近工件时，将快速倍率调至 F0 档。
- 当刀具即将切入零件时，按暂停键，检查位置坐标。
- 若正常，按启动键，再观察切入轨迹是否正确。
- 若轨迹正确，将进给倍率提升到 80%~100%。
- 当加工即将结束，退刀时，提高快速倍率至 25% 或 50%。

磨损计算方法

基本设置方法为：磨耗值 = 理论值 (直径)– 实测值 (直径)。参考所使用设备要求进行设置。

任务四　飞转陀螺创意装饰

创意装饰设计：图 2–29 的陀螺装饰是不是很漂亮？现在飞转陀螺已加工完毕，需要对飞转陀螺进行装饰。在图 2–30 中，填写你的创意。

图 2–29　陀螺装饰

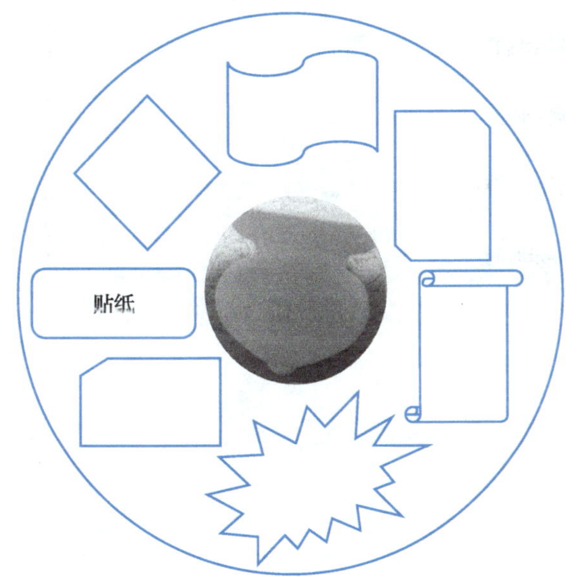

图 2–30　飞转陀螺装饰创意气泡图

陀螺还有很多其他样式的，图 2–31 的陀螺样式，你喜欢哪个？可以试着制作一下。

图 2–31　陀螺样式

如果你有好的创意，那就设计一款新型陀螺吧！将你的创意写在图 2–32 中。

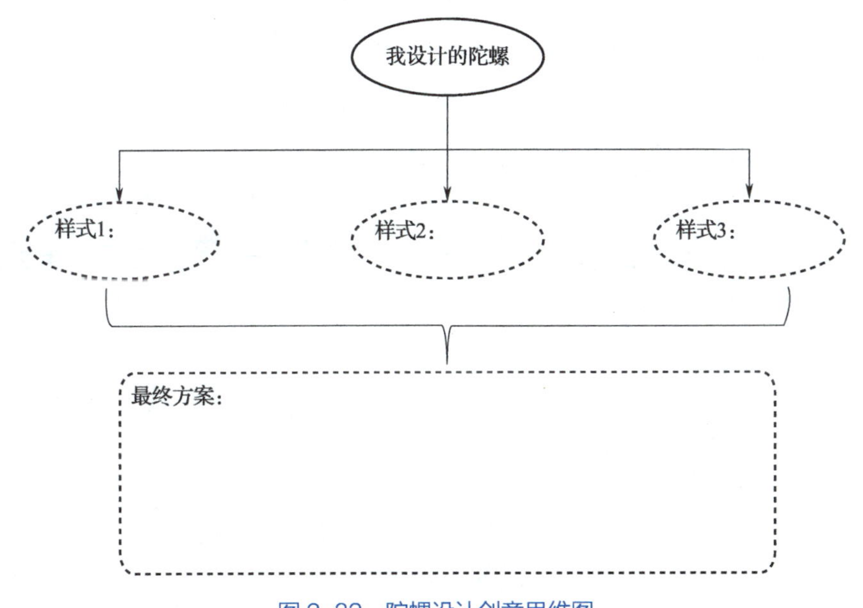

图 2–32　陀螺设计创意思维图

项目展示

展示设计：完成了飞转陀螺的制作，填写图 2–33，归纳整理展示材料，制作 PPT，展示飞转陀螺的设计！

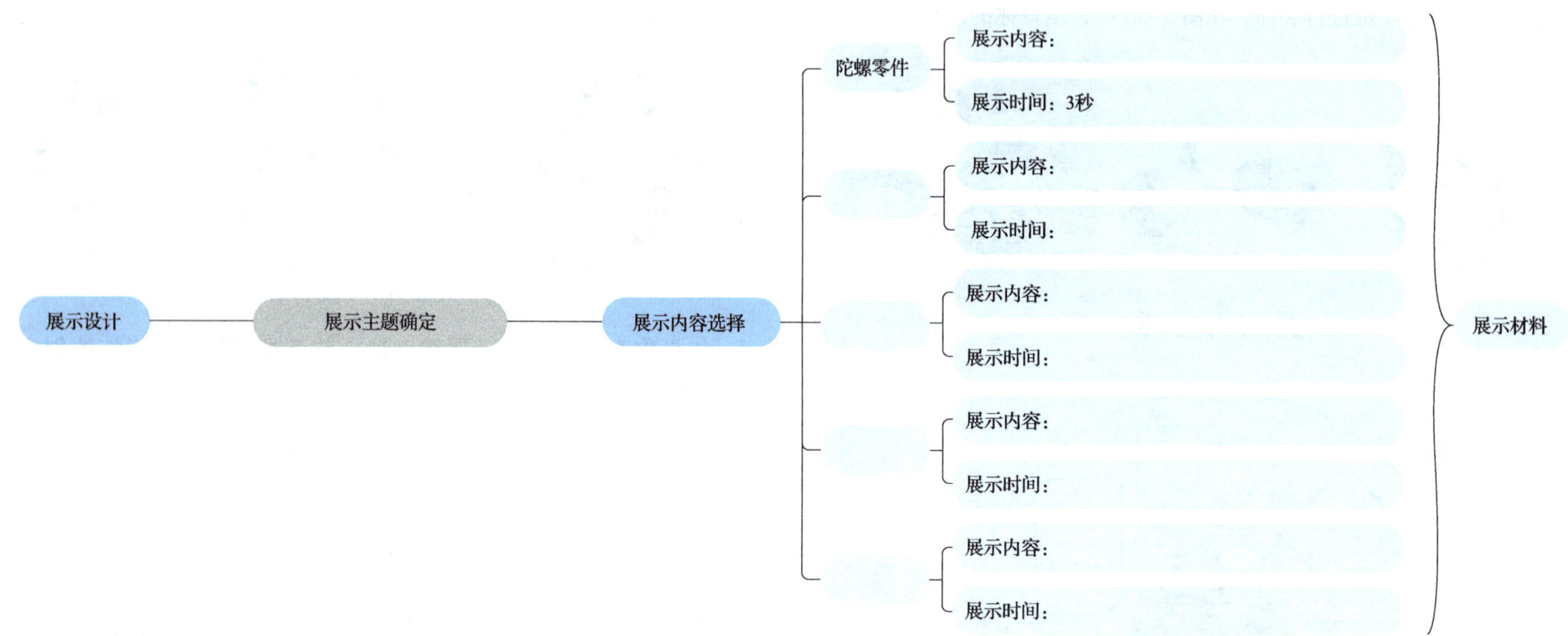

图 2–33　展示材料

创客实验室　制作葫芦挂件

项目发布

葫芦谐音“福禄”，寓意美好。本次创客实验室的主题是制作葫芦挂件。可以对葫芦进行造型设计与创意设计，并制作与展示葫芦，葫芦挂件创意参考如图 2–34 所示。

a）

b）

c）

图 2-34　葫芦挂件创意参考

要求：

1）确定葫芦挂件外形，绘制零件图。

2）制订出葫芦挂件项目实施计划。

3）确定葫芦挂件制作的具体设备及加工参数。

4）完成葫芦挂件制作。

5）完成葫芦挂件创意装饰。

6）能够精彩展示项目制作过程及收获。

项目实施

1. 资讯

资讯主要是查询与项目相关的信息。此项目涉及的相关信息主要是外形结构与装饰方式。

（1）收集资料方法

填写图 2–35，展示收集资料方法。

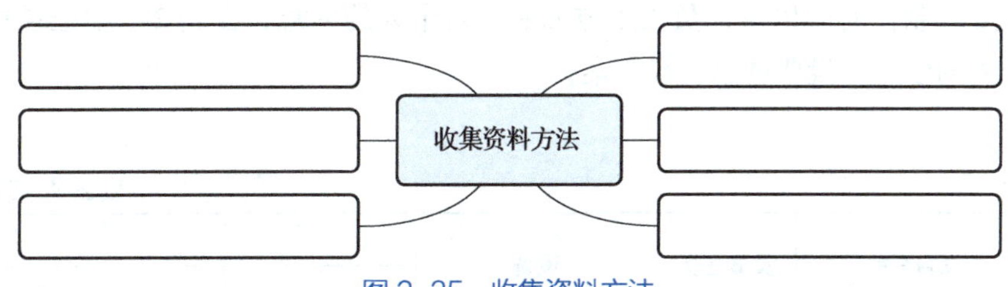

图 2-35　收集资料方法

（2）整理收集的资料

将小组成员收集到的资料，按照图中四种类别进行分类整理。装饰类别中，如使用红绳可填写红绳在装饰类别中，其他的装饰方法填在图 2–36 中装饰类别相应的位置。外形、材质和其他三个类别的填写要求与装饰类别一样。图 2–36 中类别不够，可自行添加。

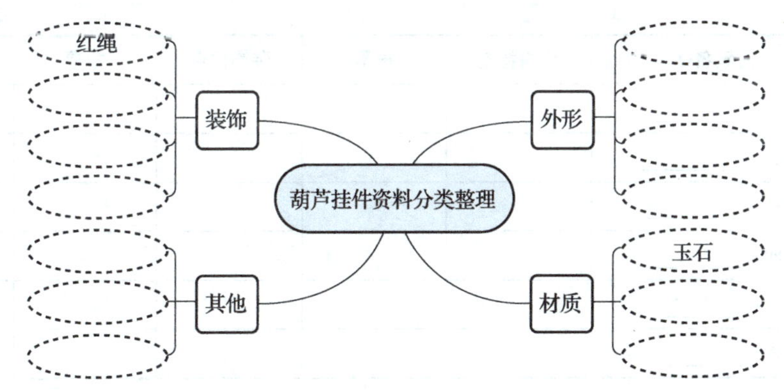

图 2-36　葫芦挂件资料分类整理展示图

2. 计划

葫芦挂件的制作由五个任务构成，分别是绘制图纸、制订加工工艺、编制数控程序、数控加工与装饰。在表 2–4 中，填写每个任务的具体内容、设备及人员时间安排等。

3. 决策

（1）选择方案

整理好收集的资料，小组成员可以从结构特点、装饰优点、制作难易程度、制作时间以及人员需求方面展示每个人的创意，在表 2–5 中记录每个人的创意并投票选出初步方案。

（2）优化方案

初步方案确定后，可以选取其他方案的优势进行结合，优化方案。请描述小组最终的方案。

最终的方案：______________________________

____

____

____

____

____

表 2–4 葫芦挂件项目实施计划

项目分解	具体任务	设备	时间 /h															项目负责人员
绘制图纸																		
制订加工工艺																		
编制数控程序																		
数控加工																		
装饰																		

表 2–5 选择方案

方案名称	结构特点	投票	装饰优点	投票	制作难度	投票	制作时间	投票	人员需求	投票	初步方案
方案一：________											
方案二：________											
方案三：________											
方案四：________											
方案五：________											
方案六：________											

4. 实施

（1）绘图

在方框中先绘制葫芦挂件的草图，之后用 CAD 软件绘制葫芦挂件零件图，并把绘制完成的图纸粘贴在草图旁边。

葫芦挂件草图	葫芦挂件零件图

（2）制订加工工艺

1）安装、定位、夹具及毛坯确定。

请确定加工使用的设备名称、设备型号、材料牌号、毛坯种类、毛坯尺寸、工序时间及工件安装定位简图，填写表 2-6。

表 2-6 加工准备表格

零件名称		零件图号	
车间	设备名称	设备型号	设备编号
材料牌号	毛坯种类	毛坯尺寸	工序时间
工件安装 定位简图			

2）根据零件材料及设备参数情况，确定工序、刀具名称及加工参数。填写表 2-7。

表 2-7 加工参数表

工序号	工序	刀具名称	主轴转速	进给速度	背吃刀量	余量	备注
1							
2							
3							
4							
5							
6							

（3）程序编制

1）选定的编程原点位置在哪里？请把编程原点位置绘制在下面的方框中。

2）确定各基点坐标。把标示有基点的图纸粘贴在方框中，并填写基点坐标。

3）在图 2-37 中，填写 CAM 编程流程。

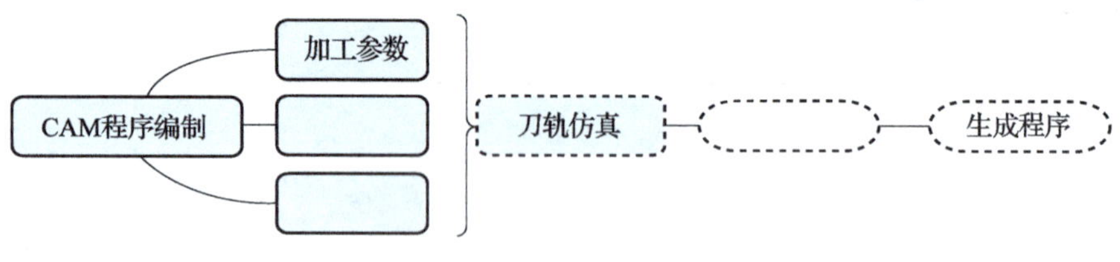

图 2-37　CAM 编程流程

4）程序仿真验证

①根据程序仿真验证步骤，填写图 2-38。

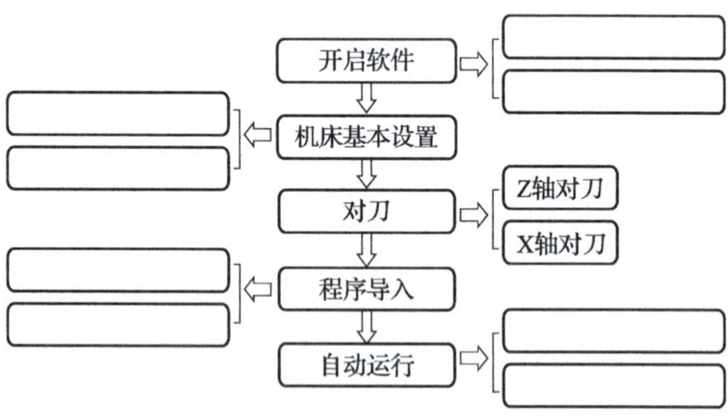

图 2-38　程序仿真验证步骤

②把仿真加工完成的零件图粘贴在下面的方框中。

③仿真验证过程中，遇到了哪些问题？你是怎么解决的呢？

（4）葫芦挂件加工

1）请把葫芦挂件的加工步骤绘制在下面方框中。

2）在方框中，粘贴葫芦挂件的照片，展示加工的葫芦挂件。

3）零件加工过程中，遇到了哪些问题？你是怎么解决的呢？

（5）葫芦挂件装饰

葫芦挂件装饰多种多样，如图 2-39 所示。现在请对加工好的葫芦挂件进行装饰。在图 2-40 中，整理自己的葫芦挂件创意。装饰完毕后，给葫芦挂件拍照，贴在方框中。

a）　b）　c）

d）　e）　f）

图 2-39　葫芦挂件装饰图

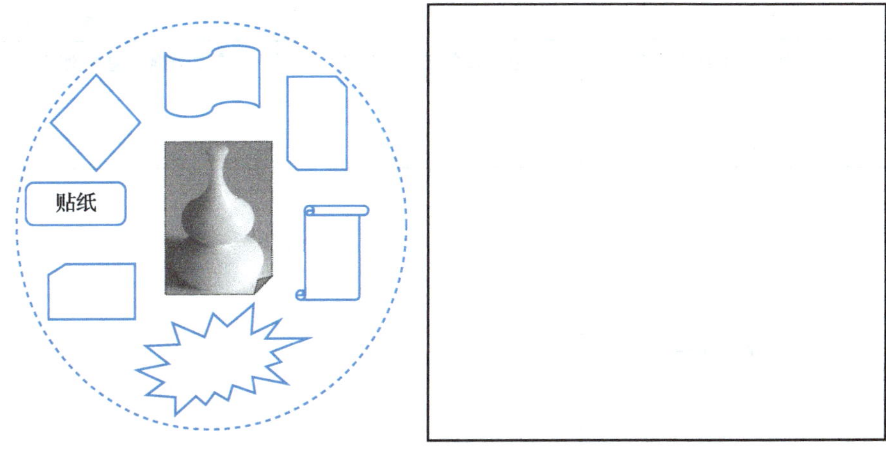

图 2-40　葫芦挂件创意气泡图

5. 检查

1）图样绘制中，尺寸是否齐全？公差要求是否明确？

2）仿真模拟加工中，是否有过切现象？如果有，你调整或者修改了什么数据？

3）零件加工时，使用磨耗来保证尺寸，第一次磨耗设置多少？加工出的零件的尺寸是多少？第二次磨耗设置多少？第三次磨耗设置多少？你一共设置了几次呢？磨耗设置依据又是什么？请填写表 2-8。

表 2-8　磨耗与尺寸检查

第一次加工磨耗设置值	第一次加工零件尺寸	第二次加工磨耗设置值	第二次加工零件尺寸	第三次加工磨耗设置值	第三次加工零件尺寸
磨耗设置依据					

6. 展示

根据图 2-41，每组制作一份 PPT 展示葫芦挂件项目制作过程及收获，并由一名小组成员进行展示汇报。

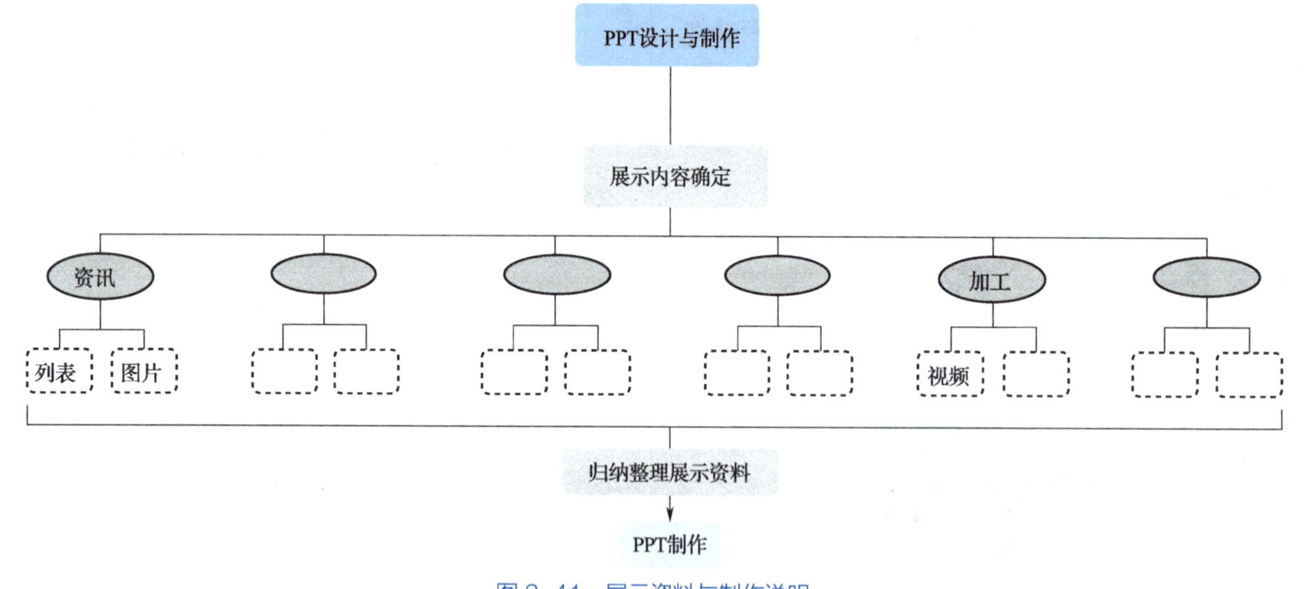

图 2-41　展示资料与制作说明

项目评价

1）填写表 2-9，对葫芦挂件项目进行评价。

表 2-9　项目评价表

序号	评价内容		分值	评价结果		
				自评	互评	师评
1	资讯	内容丰富	8			
		方法多样	8			
		整理规范	6			
2	计划	逻辑性强	6			
		可实施	6			
3	决策	图纸正确	8			
		参数合理	8			
		表述规范	6			
4	实施与检查	程序正确	8			
		操作熟练	8			
		质量	6			
		装饰性	6			
5	展示	制作精美	8			
		表述清楚	8			
合计			100			

2）反思总结：你对自己制作的葫芦挂件各部分满意么？请在图 2-42 的椭圆形虚线框内填上很满意、满意、一般、不满意。把原因和改进措施写在空白处。

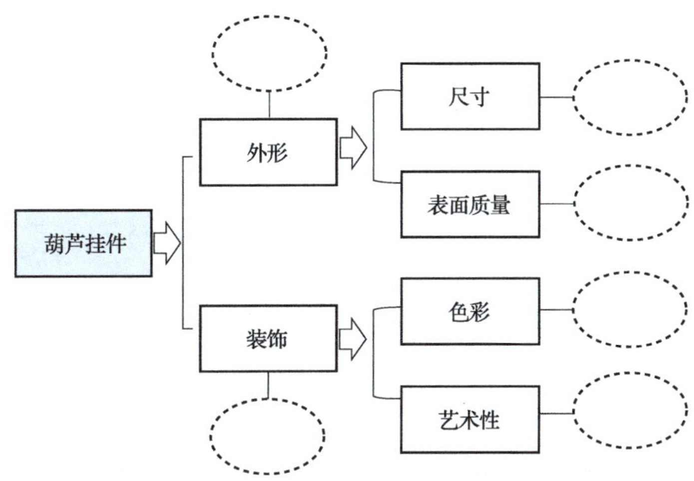

图 2-42　葫芦挂件项目反思与总结

创客项目三

玩转增材制造

创客小讲堂

创客知识

1. 思维导图

发散思维是指一种多维的思维模式，如一题多解、一物多用等。思维导图是表达、梳理发散思维的引导工具。

1971年，英国人托尼·博赞提出用思维导图表达发散思维。思维导图利用图画、文字等形式从多个维度来增强记忆的效果和思维的发散性。思维导图让学习者产生创造性的联想，成为创新思维训练和创新活动中解决问题的一种常用工具。

思维导图作为以发散性思考模式为基础的收放自如的思维方式，除了提供一个正确而快速的学习方法与工具外，运用在项目企划问题解决与分析、会议管理等方面，往往产生令人惊喜的效果。它是一种展现个人智力潜能的方法，可提升思考技巧，大幅增进记忆力、组织力与创造力。

思维导图既是思维结构、思维路径，也是思维方法、思维结果。思维导图有一个主题，由这个主题发散出成千上万种可能的想法、记忆或者感觉。这些想法、记忆或者感觉与中心主题之间形成连接，每一个想法、记忆或者感觉又可以成为另一个主题，再向外发散出成千上万的想法、记忆或者感觉。一般来说，思维导图的主题是一级中心，由主题衍生的想法、记忆或者感觉是二级中心。

2. 六顶思考帽

解决复杂问题的时候，如何能对问题的各个方面进行清晰有效的思考呢？法国人爱德华·德博诺提出的六顶思考帽成为解决复杂问题的有效工具。

六顶思考帽是平行思考的工具，是创意思考的工具，也是人际沟通的操作框架，更是提高团队智商的有效方法。爱德华·德博诺用六种颜色的思考帽代表六种思考问题的角度，六顶思考帽可以分为三对：白色和红色、黑色和黄色、绿色和蓝色，见表 3–1。这六种思考问题的角度可以把问题考虑得很周全，并且达到了相互平衡的效果。

表 3–1　六顶思考帽的思考角度

序号	思考帽	颜色联想	思考角度
1	白色思考帽	中性和客观	搜索并展示客观的事实和数据
2	红色思考帽	直觉和情绪	表达对事物的感性看法
3	黑色思考帽	冷静和严肃	用小心谨慎的态度指出任一观点的风险所在
4	黄色思考帽	希望和价值	用乐观、积极的态度指出任一观点的价值所在
5	绿色思考帽	活跃和生机	运用创新思维提出新观点
6	蓝色思考帽	理性和沉稳	整个思考过程和其他思考帽的控制和组织

六顶思考帽是操作简单、经过反复验证的思维工具。这个工具能帮助我们做到：提出建设性的观点；聆听、参考、吸纳别人的观点；从不同角度思考同一个问题，创造高效的解决方案；用平行思考取代批判性思维和垂直思考；提高团队成员的集思广益能力，为统合综效提供操作工具。

1. 用好思维导图

（1）绘制思维导图的工具

绘制思维导图可用一张白纸、数支彩色水笔和铅笔。这些是基本的工具。当然在绘制过程中，还可以使用适合自己习惯的绘图工具，如成套的软芯笔、色彩明亮的涂色笔或者钢笔等。

（2）绘制思维导图的步骤

1）在一张白纸的中心画图，周围留出足够的空白。从中心开始画图可以使思维向各个方向自由发散，能更自由、更自然地表达自己的想法。

2）在白纸的中心用一幅图像或文字表达思维导图的主题。用图画表达主题可以提升想象力和强化记忆。

3）不同的分支尽可能使用不同颜色。颜色能够增添思维导图的跳跃感和生命力。

4）把中心图像或文字和主要分支连接起来，然后把主要分支和二级分支连接起来。思维导图中，中心图像或文字生发出主要分支，主要分支生发出二级分支，二级分支生发出三级分支，三级分支生发出四级分支，以此类推，思维不断发散，发散的过程本质就是发现和创新的过程。

思维导图的分支线可以是曲线，也可以是直线。每条分支线使用一个关键词，表达分支的核心意思。关键词可以是名词或者动词。关键词应该是具体的、有意义的、有助回忆的。

2. 用好六顶思考帽

创客在创造前，会想象自己有六顶颜色不同的帽子。请戴上不同的帽子，闭上眼睛，开启你的创造性思考！

（1）白色思考帽

白色思考帽与信息和数据直接相关，代表客观的事实和数字，当使用白色思考帽的时候，每个人只能把注意力直接放在信息上。首先列出已经掌握的信息；其次努力找出信息的空白处，检查遗漏的信息；最后通过倾听、阅读、提问来获取需要的信息。白色思考帽重视事实和信息，拒绝个人主观情感的参与，要求参与的每个人都要说出一个观点，要求充分发挥每个人的主观能动性，发挥自己在群体思考中的作用。

（2）红色思考帽

红色思考帽允许创客肆无忌惮地表达情感，讲述直觉。红色思考帽往往基于对某个领域的了解和在类似领域取得的经验，能为创客的判断增加砝码。使用红色思考帽时，不要证明或解释自己的直觉，尽量在30秒内做出回答。

（3）黑色思考帽

黑色思考帽运用否定、怀疑、悲观的看法对事物的负面因素进行逻辑判断和评估，谨慎小心地指出任一观点的风险所在。运用黑色思考帽时要注意批判要合乎逻辑，避免辩论或沉溺于攻击他人的满足感。运用黑色思考帽的目的是立足于最坏的可能，提出新的思考，找出新的可能，而不是不顾一切地否定。

（4）黄色思考帽

黄色思考帽将正面的、乐观的、积极的情况集中起来，饱含希望和正面思想，积极寻找事物的闪光点，指引未来向好的方向发展。黄色思考帽帮助创客探求事物的优点、评估价值、分析利益，证明观点的可能性，并努力让它变得可行。当面对未来的不确定性的时候，黄色思考帽通过寻求线索、预测趋势，建立可行性的基础。运用黄色思考帽时，要注意思考的逻辑性、实现的条件，并且要寻求组织外的意见。

（5）绿色思考帽

绿色思考帽是创意思考，即排列出各种可能的选择，既包括原有的选择，也包括新的选择，并对提出的意见进行修正和改进。绿色思考帽可以使创客集中精神加强创造力，这种创造力不仅是大胆的，也是审慎的。

我们可以通过以下三种途径，利用绿色思考帽来高效地进行创意思考：改变思维层次；开放性思考；思考集中在可能性上而非判断上。在一般思考中我们使用判断力，如黄帽思考和黑帽思考。然而对绿帽思考来说，提出的想法都具有可能性，可能性在思考中扮演着极为重要的角色。没有可能性的框架，我们甚至不可能以全新的视角看待信息。

（6）蓝色思考帽

蓝色思考帽是一种对思考的思考，也是对思考过程的控制，能指示思考的方向。它的作用就是组织前五种思考帽，将其有机地排序并进行集体思考，同时还要经常进行总结。蓝色思考帽的角色一般是会议的指挥者、组织者或者总结者。但这并不意味着别人不能发表建议和意见。

蓝色思考帽穿插运用在整个思考过程中。它的作用有：限定焦点和目的；制订思维计划或议程；观察和评论；处理对特定问题思考的需要；指出不合适的意见；决定下一步；促使团队做出决策，按要求做出总结；确定结果和总结。

六顶思考帽让创客在六个平行的方向对一件事进行全面的思考，最大可能地避免陷入误区。六顶思考帽最重要的作用就是通过一个假设的帽子来规避了思考者本身的一些问题。

创新故事

中国盾构机的逆袭史

盾构隧道掘进机（盾构机）是一种隧道掘进的专用工程机械。盾构机采用盾构法挖掘隧道，能有效提升施工进度。

1997年，我国斥资6亿元从国外采购2台盾构机，但维修保养的后期技术费用仍然高昂。于是，国人决心要做自己的盾构机，打破海外技术垄断。2002年，中铁隧道集团成立了由18名初始成员组成的盾构机研发项目组。盾构机研发涵盖机械、力学、液压、电气等数十个领域，精密零部件有3万多个，一个控制系统就有2000多个控制点。项目组从设计图纸干起，仅是弄清刀盘刀具问题就花了近5年的时间。为了印证数据，项目组不断前往施工现场求证。就这样，在无数科研人员与专家学者的共同努力下，2008年中国首台具有自主知识产权的复合式土压平衡盾构机——中国中铁1号成功下线。

2020 年，中国中铁 1000 号盾构机下线。车间标语“造中国人自己的盾构，造中国最好的盾构，造世界最好的盾构”显得格外醒目。

“上天有神舟，下海有蛟龙，入地有盾构。”作为“入地”利器，盾构机在某种程度上代表一国基建实力，是大国建设必不可少的核心装备。从自力更生、自主研发，到走出国门、成为亮眼的中国名片，再到突破关键技术、让民族盾装上“中国芯”，国产盾构从无到有、从有到优、从优到强。

请用思维导图和六顶思考帽分析中国盾构机的创新思考！

创客思维训练

活动一：发散思维，体会思考魅力

借鉴思维导图范例，从身边选择发散思维训练的主题，体会思维导图的绘制特点与技巧。从思维的发散过程中，体会思考的创新之处。

1）以身边的物品作为发散思维训练的主题，绘制思维导图，分支不低于三级。

2）用思维导图策划假期的旅行。

3）用思维导图表达自己一天的学习和课余生活。

活动二：戴上六顶思考帽

（1）独立思考

在以下的两个主题中，选择一个，独自一人应用六顶思考帽进行分析，写一篇 500 字分析报告。

①应聘一个职业岗位（自定）；②是就业，还是升学？

（2）小组思考

在以下的三个主题中，选择一个，组成五个人的小组，对选定的主题，分别戴上不同颜色的思考帽进行思考，各自写一篇 500 字分析结果。

①组织班级登山活动；②策划元旦联欢会；③消除隔壁寝室传来的震耳的音乐声。

创客体验　制作实用手机支架

学习目标

- 能够充分理解项目要求并制订项目实施计划。
- 能够依据所给工程图样，使用三维软件进行建模。
- 能够使用 3D 打印机切片软件对模型进行切片参数处理。
- 能够使用 3D 打印机对模型进行打印。
- 能够使用后处理工具对所打印的手机支架进行后处理。
- 能够展示自己的作品。
- 能够创新其他形式的手机支架，满足使用功能。

项目发布

手机作为 21 世纪的日常生活用品，已经不再是单纯的通话工具，各种 APP 使得手机成为每个人的必备品，为人们的生活提供了许多的便利。手机比较小巧，携带方便，但在居家或办公场所需要摆放使用时，缺少支撑点，占用双手，产生诸多不便。手机支架由此应运而生，不仅造型新颖，还能帮助人们解放双手，一经推出便广受欢迎。手机支架结构简单，造型各异。本项目中，我们将亲自设计并制作一个手机支架。

要求：

1）利用三维软件，按照图 3-1 中手机支架图样设计手机支架模型（图 3-2）。

2）能够对模型进行创新处理。

3）利用弘瑞 E3 打印机切片软件进行参数设置及切片。

4）利用弘瑞 E3 打印机打印手机支架并进行后处理。

5）手机支架具有一定的强度，能够支撑手机。

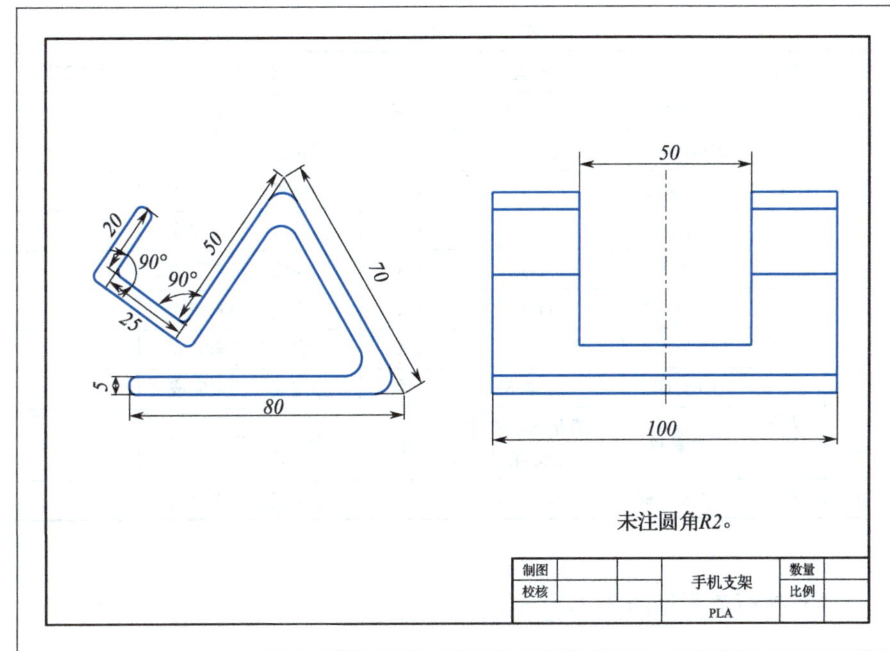

图 3-1　手机支架

图 3-2　手机支架模型

项目准备

填写表 3-2，准备完成项目所需的设备。

表 3-2　项目准备

序号	种类	名称	规格型号	数量	准备情况	替换工具
1	工具	砂纸	粗、细	2 张	□完成　□未完成	
		取模型工具	普通小铲	1 个	□完成　□未完成	
		3D 打印胶水	专用	1 支	□完成　□未完成	
		滚刷	专用	1 支	□完成　□未完成	
		偏口钳	普通	1 个	□完成　□未完成	
2	软件	NX 软件	10.0 版本	1 个	□完成　□未完成	
		弘瑞切片软件	–	1 个	□完成　□未完成	
3	设备	3D 打印机	弘瑞 E3	1 台	□完成　□未完成	
		计算机	满足 NX 软件安装条件	1 台	□完成　□未完成	
4	材料	PLA 耗材	D=1.75mm	1 卷	□完成　□未完成	

项目计划

根据项目描述，明确该项目的主要任务，项目实施计划见表 3-3。为保证顺利完成，项目分为三个子任务，即手机支架模型设计、手机支架模型快速打印、手机支架后处理。鉴于这三个子任务是前后顺次的关系，所以在子任务安排时，没有相互交叠的时间段。

表 3-3　项目实施计划

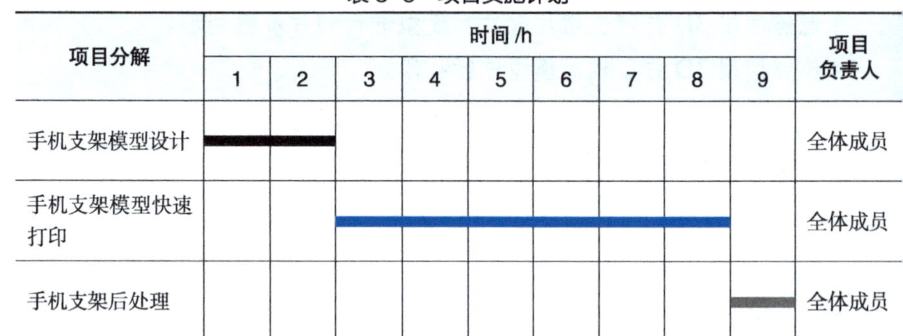

项目分解	时间 /h									项目负责人
	1	2	3	4	5	6	7	8	9	
手机支架模型设计										全体成员
手机支架模型快速打印										全体成员
手机支架后处理										全体成员

项目执行流程见图 3-3。

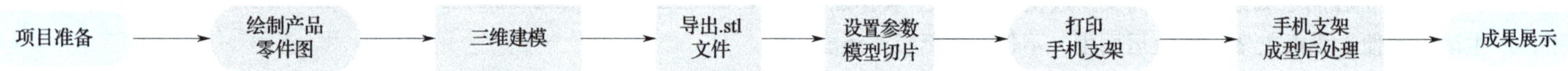

图 3-3　项目执行流程

项目实施

任务一　手机支架的模型设计

职业活动

步骤一：手机支架草图绘制

使用 NX 软件绘制手机支架草图。

1）进入草图：双击“NX10.0”快捷图标，之后单击“新建”，如图 3-4 所示。

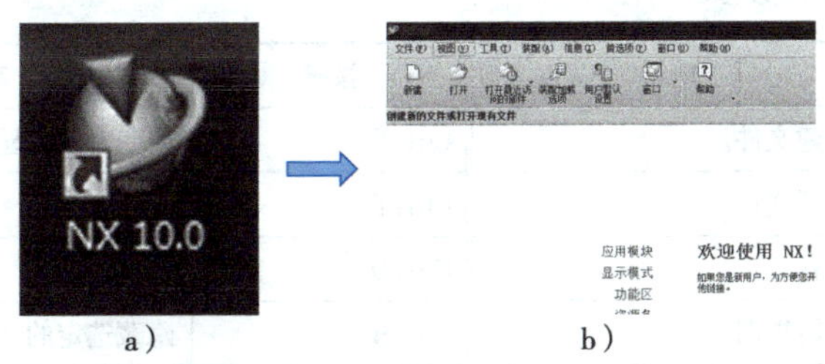

图 3-4　新建文件对话框

2）在“新建”对话框中，单位选择“毫米”，模板选择“模型”，NX 软件 10.0 版本以上的支持中文文件名，确定名称及存储文件夹，如图 3-5 所示。

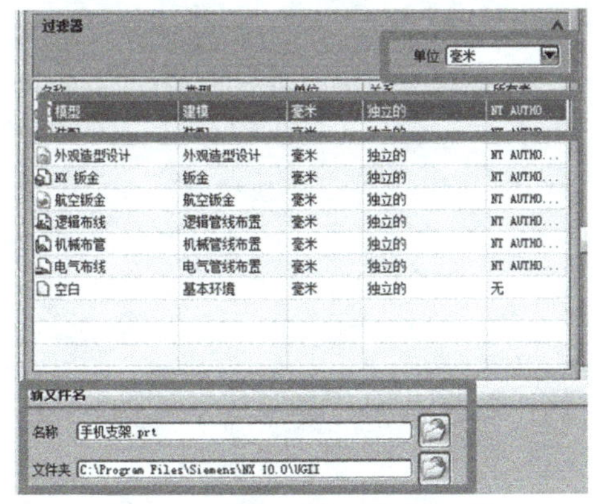

图 3-5　“新建”对话框设置

职业知识

软件打开操作

打开软件	快捷图标上双击鼠标左键。
	对准快捷图标，单击右键，选择“打开”。
	单击“开始”菜单，在所有程序中，找到软件图标，单击打开。

初识 NX 软件界面

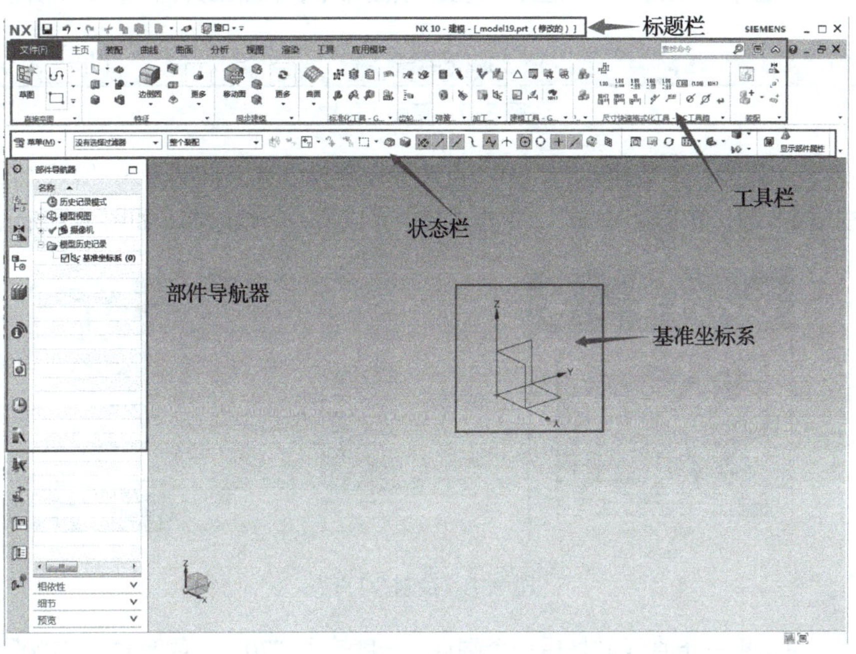

3）在工具栏中，单击“插入”命令，单击“草图”子命令，弹出“创建草图”对话框。选择“YZ”平面作为草图绘制平面，如图 3-6 所示。

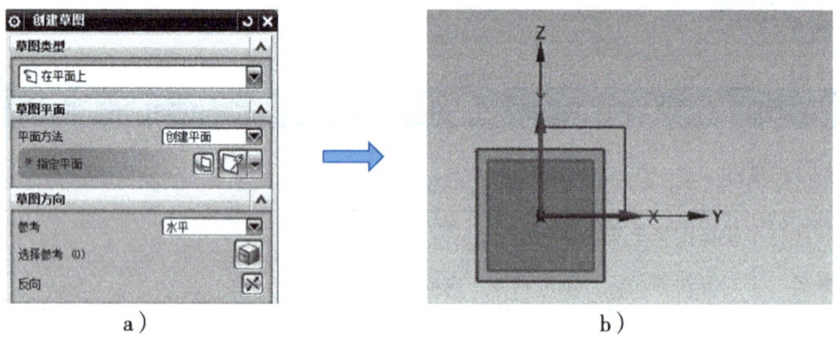

a）　　b）

图 3-6　选择绘图平面

4）在草图工具栏中，选择“直线”绘图命令，草图工具栏如图 3-7 所示。

图 3-7　草图工具栏

5）选择“参数模式”，第一点选择在坐标原点，长度输入“80”后，按 <tab> 键，角度输入“0”，单击左键，完成第一条线绘制，如图 3-8 所示。

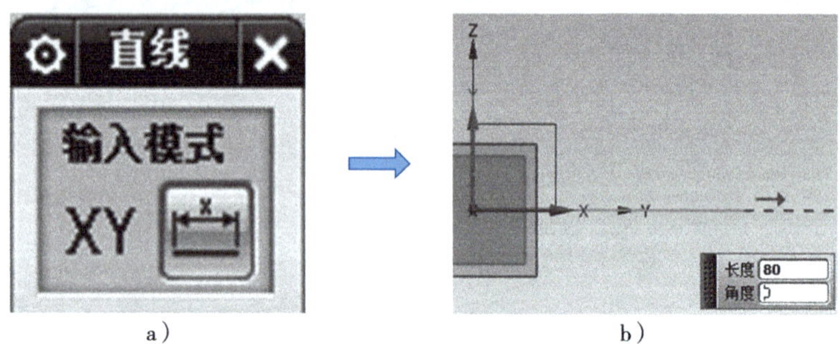

a）　　b）

图 3-8　绘制 80 直线

单击第一条直线的最后一个端点，长度输入“70”，角度输入“120”，绘制直线；再以第二条直线终点为起点，长度输入“50”，角度输入“235”，绘制直线，如图 3-9 所示。

鼠标的使用方法

左键	单击物体，进行选择。
	光标放置物体上超 3 秒，出现“...”，进行“快速拾取”。
中键（滚轮）	长按中键，旋转实体。
	滚动中键，实现缩放。
	同时按住中键及左键，移动光标实现缩放。
右键	空白处单击，出现选择条及视图等快捷命令，从中选择需要的命令即可。
	实体处单击，出现编辑等快捷命令，从中选择所需命令即可。

常用键盘快捷键及其作用

按键	功能	按键	功能
Ctrl+N	新建文件。	Ctrl+J	改变对象的显示属性。
Ctrl+O	打开文件。	Ctrl+T	几何变换。
Ctrl+S	保存。	Ctrl+D	删除。
Ctrl+R	旋转视图。	Ctrl+B	隐藏选定的几何体。
Ctrl+F	满屏显示。	Ctrl+Shift+B	颠倒显示和隐藏。
Ctrl+Z	撤销。	Ctrl+Shift+U	显示所有隐藏的几何体。

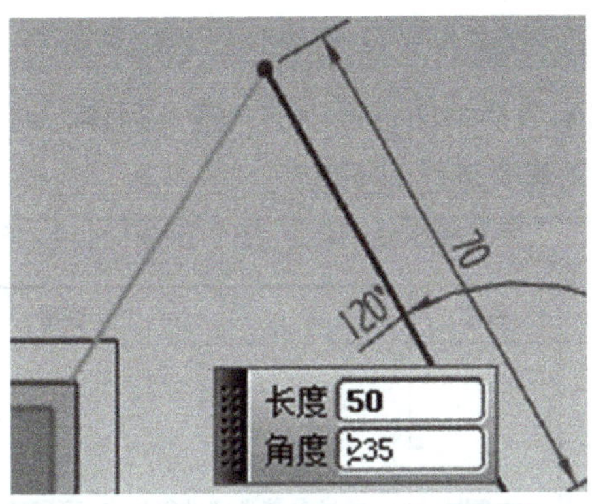

图 3-9　绘制长度 50、角度 235 的直线

同样的操作：使用直线命令，长度输入“25”，角度输入为“145”；另一条直线长度为“20”，角度为“55”，直线绘制效果如图 3-10 所示。

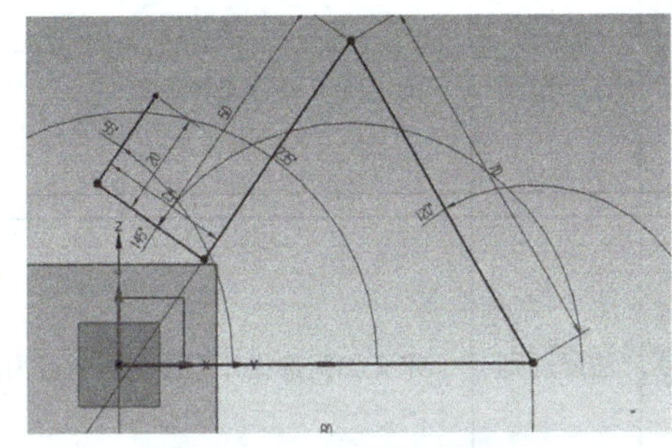
图 3-10　直线绘制效果

6）单击“偏置”命令，拾取绘制的曲线，勾选“创建尺寸”，偏置距离输入“5”，方向为向内，如图 3-11 所示。

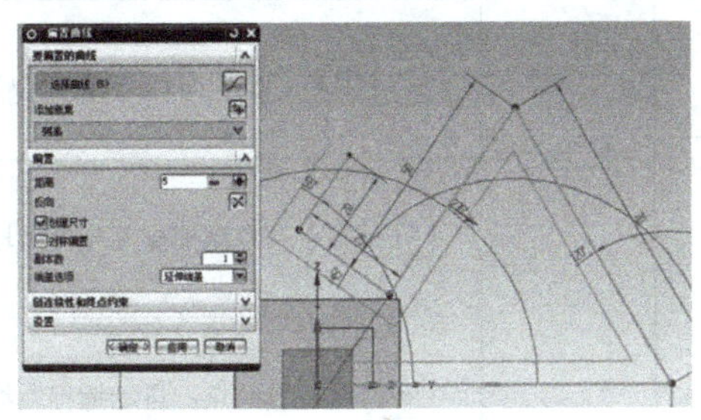
图 3-11　“偏置”命令使用

草图命令的使用

进入草图后，选取草图工具栏中对应命令绘制草图。

完成草图

图标	名称	功用
	直线	XY 坐标模式：输入两点坐标绘制直线。
		参数模式：输入直线的长度及角度绘制直线。
	圆角	选取两非平行直线，输入半径后进行修剪。
		选取两非平行直线，输入半径后不进行修剪。
	矩形	两点模式：输入矩行对角线的两点绘制矩形。
		三点模式：三点确定矩形的长和宽。
		从中心模式：确定中心位置，输入长和宽即可。
	偏置	创建尺寸：勾选此选项，偏置距离具有关联性，后期可更改偏置的距离。
		对称偏置：勾选此选项，在选择的曲线两侧均出现等距的曲线。
		反向：确定偏置的方向。

7）单击“直线”命令，将偏置之后形成的缺口封闭，如图 3–12 所示。

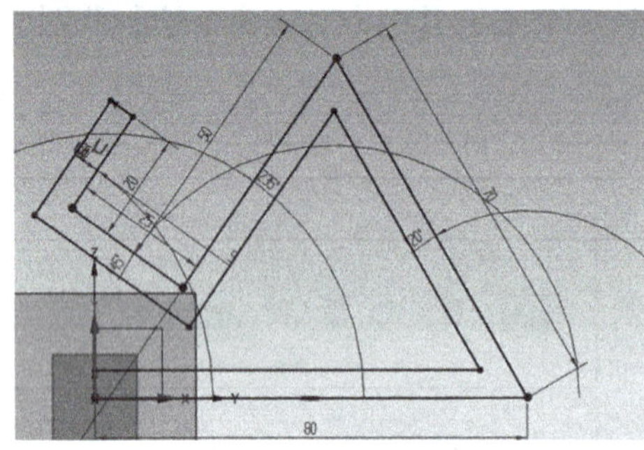

图 3–12　封闭曲线

8）单击“圆角”命令，选择两相交直线，半径输入“5”，绘制大圆角，如图 3–13 所示；其余小圆角半径输入“2”，如图 3–14 所示。

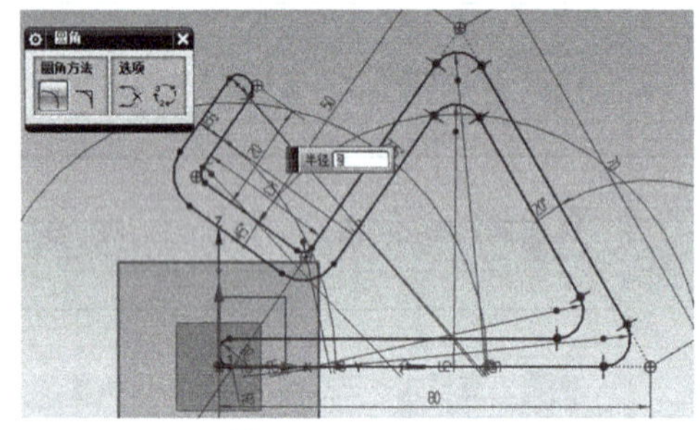

图 3–13　绘制大圆角

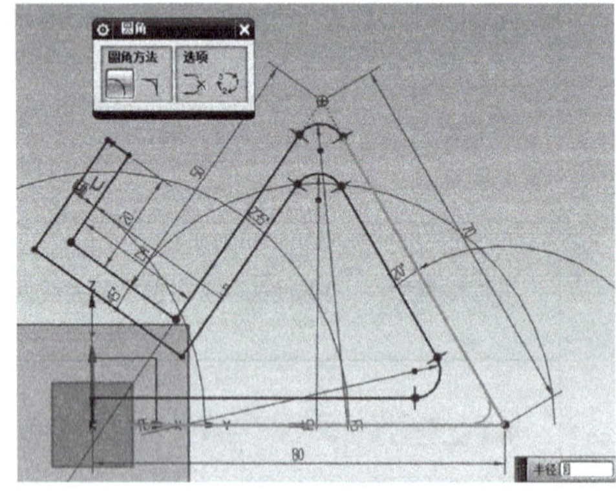

图 3–14　绘制小圆角

选择条的使用

类型过滤器用来选择绘图过程中的一些几何体，通过对其类型进行指定，可以快速选择到想要选择的零件。

没有选择过滤器　整个装配

图标	名称	功用
曲线 没有选择过滤器 CSYS 基准 尺寸 曲线 点 特征 草图 草图约束 视图	过滤器	通过对其类型进行指定，可以快速选择到符合的特征。
整个装配 整个装配 在工作部件和组件内 仅在工作部件内 仅在活动草图内	选择范围	指定所要进行选择的范围。
相连曲线 单条曲线 相连曲线 相切曲线 组中的曲线	曲线规则	定义如何选择并记住曲线的行为。
	捕捉点	端点：自动捕捉线段的端点。
		中点：自动捕捉线段的中点。
		交点：自动捕捉两相交线段的交点。
		曲线上的点：自动捕捉曲线上的点。

步骤二：手机支架三维模型实体生成

1）单击设计特征中的“拉伸”命令，进行拉伸设置并确定，拉伸距离为“100”，如图 3-15 所示。

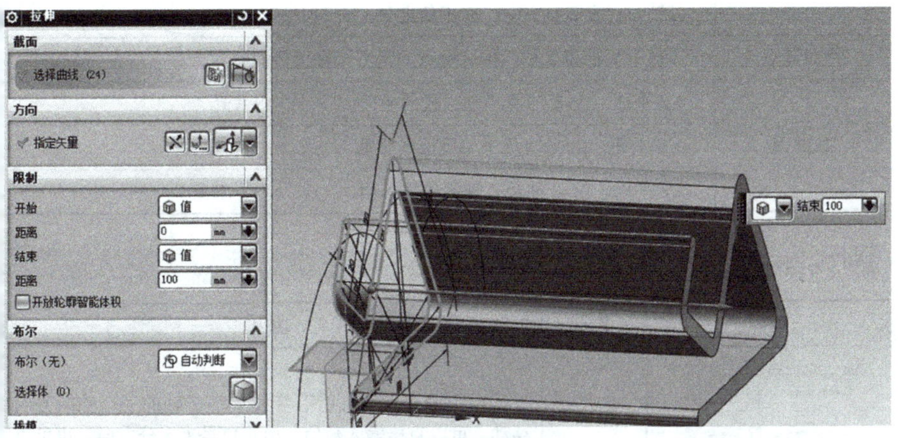

图 3-15　拉伸实体

2）鼠标右键单击“部件导航器”中的“草图”，在弹出的对话框中，单击“隐藏”，将绘制的草图隐藏起来，如图 3-16 所示。

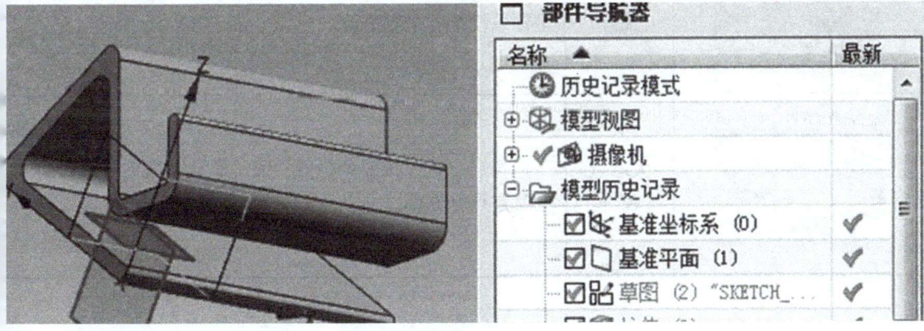

图 3-16　隐藏草图

拉伸命令的使用

设计特征时，拉伸命令经常被使用到。本项目涉及的拉伸命令详解如下。

图标	名称	功用
* 选择曲线 (0)	截面	：创建草图之后绘制需要的曲线。
		：拾取现有的曲线。
* 指定矢量	方向	：拾取曲线所在平面的法向方向，单击此命令，调整拉伸的方向。
		：矢量对话框。单击此命令，弹出新的对话框进行矢量设置。
开始 值 距离 -1 结束 值 距离 5 开放轮廓智能体积	限制	通过设置初始位置及终止位置，确定物体拉伸的总长度。
结束 对称值 距离 5 开放轮廓智能体积		物体以曲线所在平面为对称面成对称拉伸。
布尔 求和 选择体 (0)	布尔	无 ：所拉伸实体不做布尔运算。
		求和：两个或两个以上实体合为一个新实体。
		求差：将目标体与原实体相交部分去掉，产生一个新实体。
		自动判断：系统自动判断进行布尔运算。

3）新建基准平面。选择距离 XC-YC 平面上方 15mm 处建立基准平面，如图 3-17 所示。

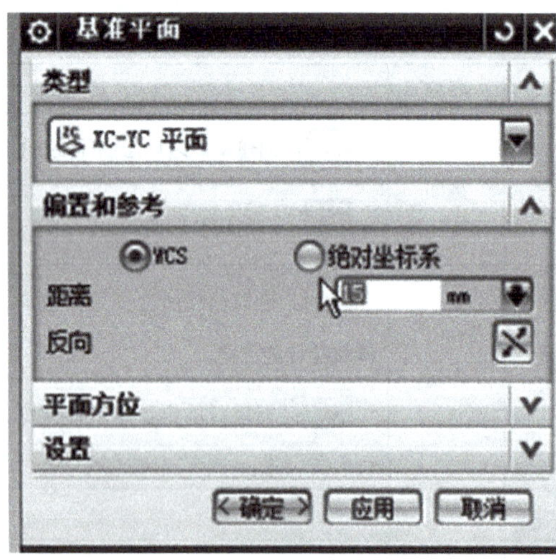

图 3-17 新建基准平面

4）在新基准平面上，绘制草图。选用“从中心”绘制的矩形命令，绘制宽度为“100”、高度为“50”、角度为“270”的矩形，退出草图，如图 3-18 所示。使用“拉伸”命令，结束值超过实体即可，进行“求差”布尔运算，并隐藏草图，完成支架模型建立，如图 3-19 所示。

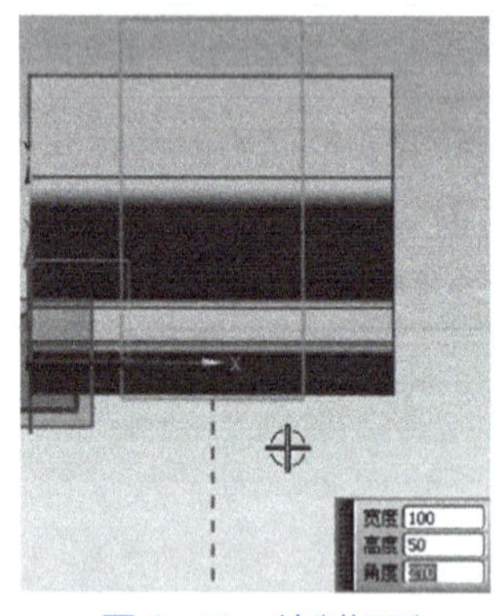

图 3-18 绘制矩形

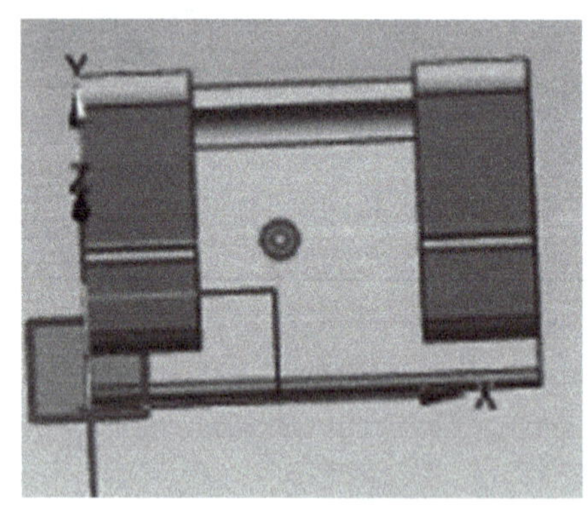
图 3-19 模型创建

基准坐标系

基准轴	X 轴，代表横向方向，有正负之分。
	Y 轴，代表纵向方向，有正负之分。
	Z 轴，代表竖直方向，有正负之分。
绝对零点	X 轴、Y 轴和 Z 轴三轴的交点，是三个轴正负的分界点。
基准面	XZ 平面，由 X 轴及 Z 轴围成的平面。
	XY 平面，由 X 轴及 Y 轴围成的平面。
	YZ 平面，由 Y 轴及 Z 轴围成的平面。

WCS 坐标

图标	名称	功用
	锥形控件	选择锥形控件，只能沿着 X、Y、Z 轴的一个轴的方向移动。可以直接输入数值，由正负号来区分方向，也可以直接按住控件拖拽，实现坐标系沿轴移动。
	球形控件	按住球形控件输入数值，或按住球形控件直接拖拽实现坐标系绕某一个轴旋转。
	大球点控件	选择后直接点选新的位置，即可实现坐标系整体移动，也就是点哪到哪。

步骤三：文本创建及拉伸

1）单击“插入”命令中的“曲线”下拉菜单，选取“文本”命令。在新弹出的命令对话框中，首先确定文字放置的位置。

2）设置锚点位置时，先在平面选一点，并移动到上表面，即使用锥形控件移动 5 个单位。将文本属性改成姓名，如图 3-20 所示。

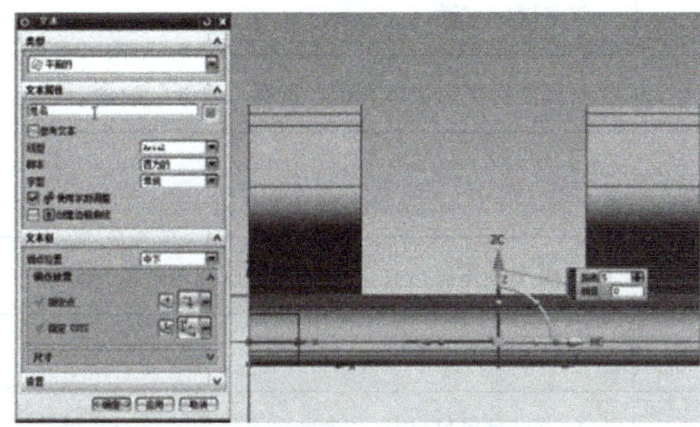

图 3-20　确定文字位置

3）将姓名进行“拉伸”，高度设置为 2，并对其进行“求和”布尔运算，如图 3-21 所示。

图 3-21　文字创建完成

4）保存文件：将文件导出，生成扩展名为 .stl 的文件。

文本创建及拉伸

菜单栏中，单击“插入”命令中的“曲线”下拉菜单，找到“文本”命令。

图标	名称	功用
	类型	平面的：首先确定锚点位置再设置其他。
		曲线上：需提前有曲线存在。
		面上：可以选取物品表面作为起始位置。
	文本属性	姓名：文本直接在文本框内书写。
		参考文本：勾选后，可设置线型、脚本和字型。
		Modern 线型：文本为单线。
		Arial 线型：文本为双线。
	文本框	可设置文字的摆放位置。

文件简单操作

名称	功用
新建	新建“模型”“钣金”等类型的文件。
打开	打开已经存在的可识别的文件。
保存	对新建的文件进行对应格式的保存，对话框与“另存为”对话框相同。
导出	导出其他格式的文件，其中常导出 .stl 格式的文件。

任务二　手机支架模型快速打印

职业活动

步骤一：设置打印机参数

使用弘瑞 E3 打印机进行打印。

1）双击切片软件快捷图标，进入软件设置界面，如图 3–22 所示。

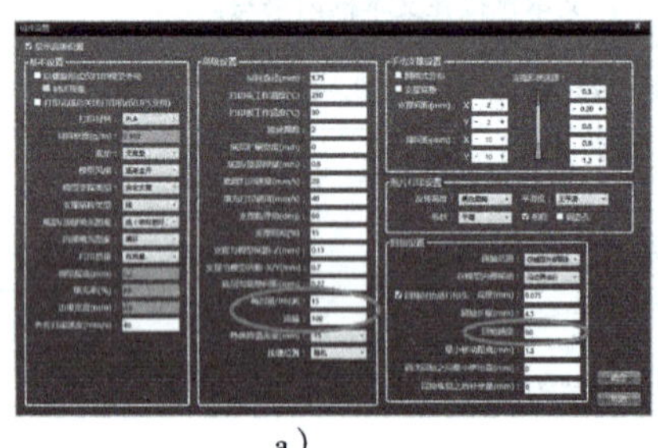

a）

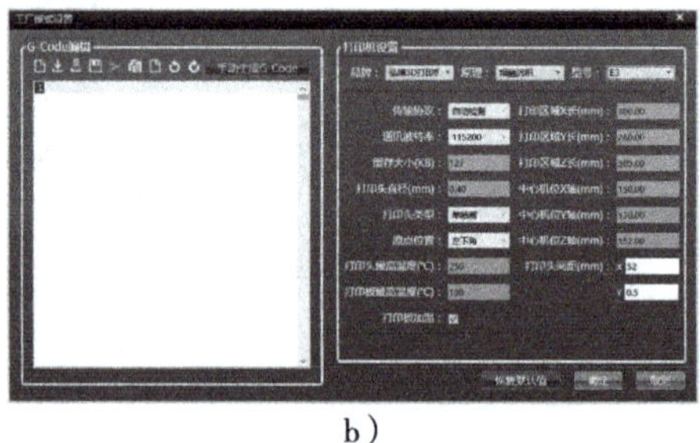

b）

图 3-22　切片软件设置界面

2）品牌选择“弘瑞 3D 打印机”，原理选择“熔融沉积”，型号选择“E3”，单击“确定”，进入切片界面，如图 3–23 所示。

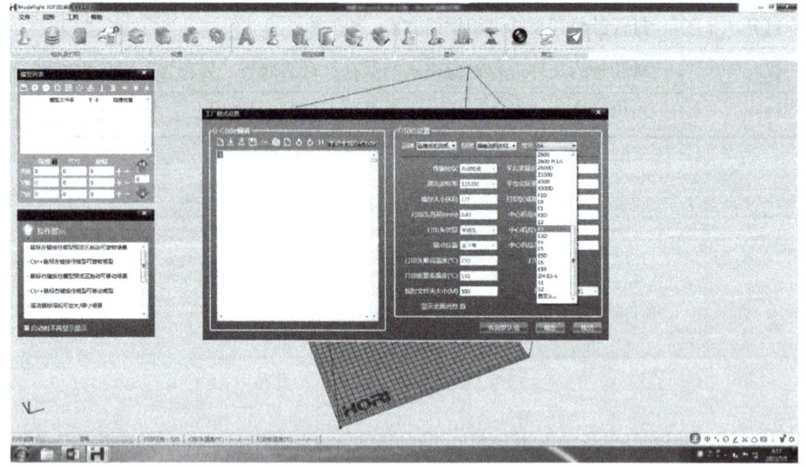

图 3-23　切片软件界面

职业知识

软件打开操作

快捷图标	双击鼠标左键。
	对准图标单击鼠标右键，选择“打开”命令。

鼠标的使用方法

操作	说明
按住鼠标左键	在模型预览区按住左键并拖动鼠标可旋转场景。
中键（滚轮）	可放大 / 缩小场景。
按住鼠标右键	在模型预览区按住右键并拖动鼠标可移动场景。
Ctrl+ 鼠标左键	按住模型可旋转。
Ctrl+ 鼠标右键	按住模型可移动。

打印机参数设置

图标	功用
品牌 弘瑞3D打印机 / 弘瑞3D打印机 / 其它品牌	选取对应的打印机品牌。
原理 熔融沉积(XYZ) / 熔融沉积(XYZ) / 熔融沉积(Delta) / 熔融沉积(45XYZ) / 光固化	根据打印机选择合适的打印原理，E 系列对应的原理为熔融沉积。
型号 E3	E 系列的数字越大，表示产品越新。

步骤二：导入模型

1）单击“文件导入”命令，将“手机支架 .stl”文件导入软件之中。

2）若想对导入文件进行位置调整。单击右下角的“翻转模型”命令中的“翻转模型至选中平面”，再用鼠标单击放置的底面即可调整模型位置，如图 3–24 所示。

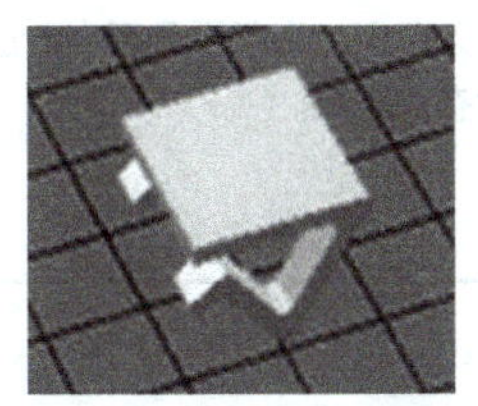

图 3–24　放置模型

步骤三：设置切片参数

1）对手机支架进行切片参数的设置。首先需要选择“PLA”打印材料。为防止翘边，选择“普通底垫”即可。由于手机支架需要部分支撑，支撑结构类型选择“线”。对于产品的打印质量，选择“高质量”，如图 3–25 所示。

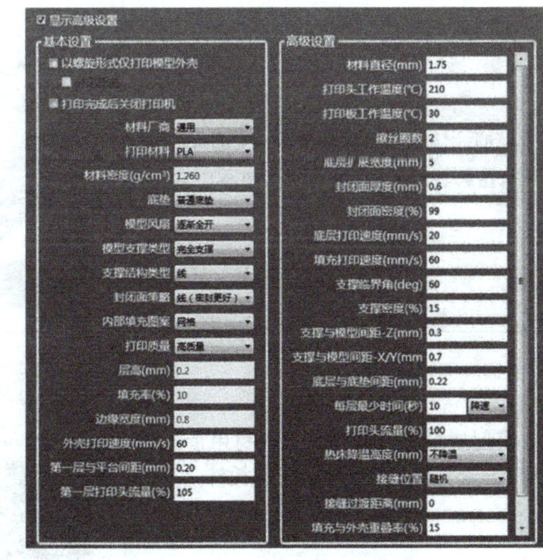

图 3–25　切片参数的设置

常用命令

图标	名称	功用
	文件导入	将 .stl 格式的文件导入切片软件中。
	分层切片	代码生成信息，可预览。
	导出切片数据	导出打印机可识别的“gcode”格式文件。
	切片设置	对材料及层高等参数的具体设置。
	翻转模型 / 面	对物体位置进行调整。

切片设置

名称	功用及设置
打印材料	PLA 材质：打印头工作温度 210℃，打印板温度 30℃，热床 15℃。
	ABS 材质：打印头工作温度 240℃，打印板温度 70℃。
底垫	无底垫：打印时不用底垫。
	普通底垫：模型底面和底板接触面积过小，或底板不平。
	防翘边底垫：针对底面积过大的平板状结构模型，需添加防翘边底垫。
支撑结构类型	网格支撑：支撑效果好，较稳固，但是难拆取。
	线状支撑：易拆取，节省时间。但是支撑效果相对较差。
	面状支撑：支撑和模型接触的表面相对光滑。
	树状支撑：节省耗材。
	柱状支撑：支撑效果好，较稳固。
层高设置	层高设置越大，模型表面精度越差，打印时间越短。
填充率	填充率越高，打印时间越长。一般 20%~40% 为宜。
边缘宽度	边缘宽度与喷嘴直径有关，以喷嘴直径为单位进行调整。
材料直径	更换材料时，注意材料的直径选择。

2）对导入的文件进行分层切片处理，过程如图 3–26 所示。随后进行打印预览，查看支撑是否合理，如图 3–27 所示。

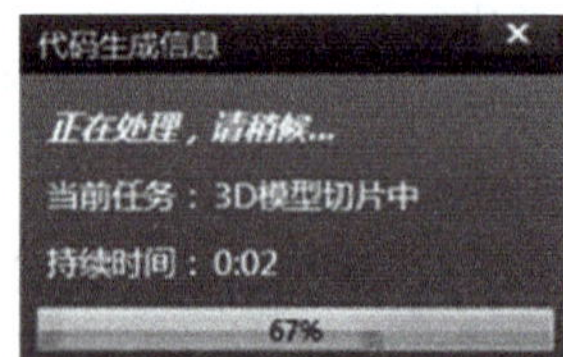

图 3–26　切片自动生成中

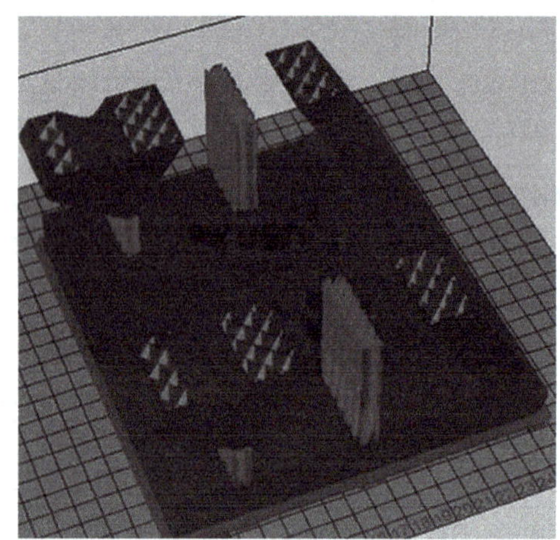

图 3–27　打印预览

步骤四：切片导出 qcode

导出切片数据，保存到存储卡内，将模型转移到打印机中进行实体打印，保存设置如图 3–28 所示。

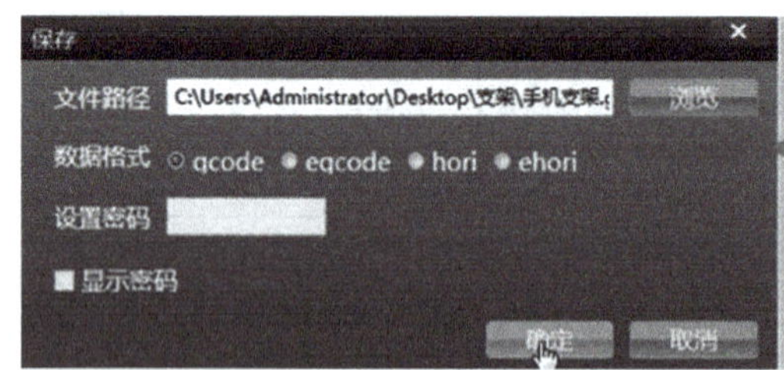

图 3–28　保存模型

分层切片

图标	功用
	基本信息：可以查询打印时长、高度及所需材料重量。 显示层数：根据设定，显示物体被划分的层数。 分层预览：鼠标拖动进度条可以查询每层是否有断层。 断层高度：通过设定高度查询断层。

模型摆放原则

原则	原因	举例
使用平面作为底面	如果模型有平面，则要尽可能选择平面作为底面，增加模型与底板接触面积，增强模型稳定性，以保证打印质量。	
不要头重脚轻	模型放置时尽量体积大的一端朝下，避免头重脚轻，防止模型在打印过程中倾倒。	
不要过多悬空	模型放置与打印时长及耗材用量的关系。模型悬空过多会增加支撑耗材。	

步骤五：弘瑞打印机打印模型

1）开启打印机，待进入打印机待机界面（图 3–29）后再进行其他的设置。

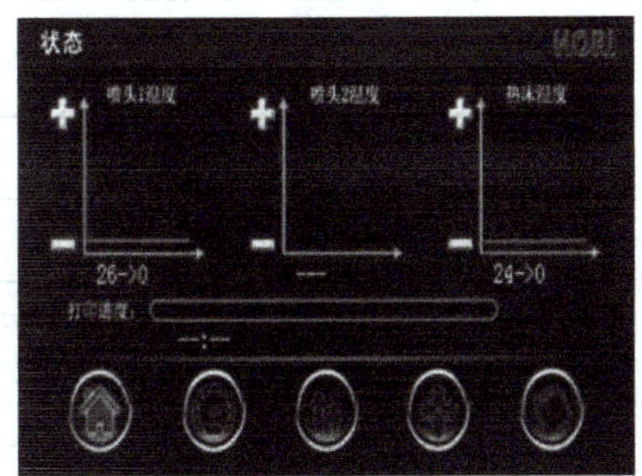

图 3–29　打印机待机界面

2）调平台。用一张 A4 纸采用“四点调平法”将平台调平，如图 3–30 所示。

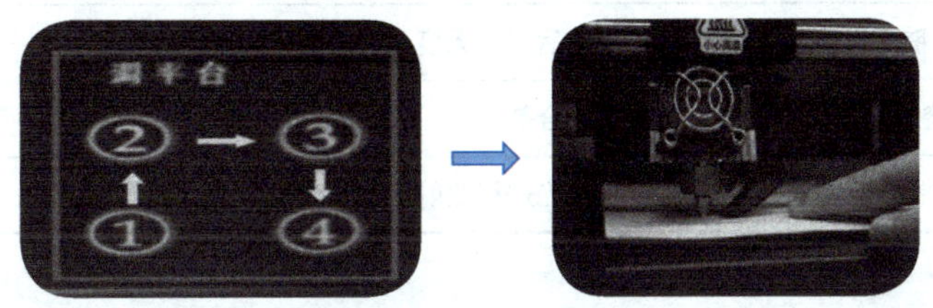

图 3–30　四点调平法

3）平台涂胶。将胶水均匀涂抹整个平台后（图 3–31），开始打印手机支架模型，如图 3–32 所示。

图 3–31　涂胶水

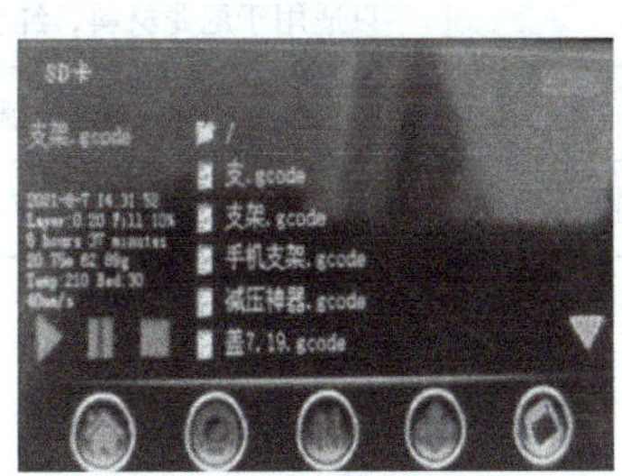

图 3–32　开始打印

打印前准备

步骤	名称	功用
	四点调平	通过调整四点下面的螺丝旋向，对平台进行调平。
	上料准备	材料插入导管，进入送料电机。
		单击屏幕一键进料，喷头温度自动上升至预设温度。
		喷嘴挤出材料，即可正常打印出料。
	平台涂胶	将专用胶水滴到平板上，用配套的滚轮将胶水在打印区内涂抹均匀。
	打印	选择模型进行打印，系统自动升温，打印后自动停止。

其他 3D 打印——司代普 3D 打印系统

司代普 3D 打印系统

司代普 3D 打印设备连接

司代普 3D 打印系统采用 FDM 熔融沉积式 3D 打印，兼容市面常见 1.75mm 打印材料 PLA、ABS、PVA、尼龙和柔性线材等，配有冷却风扇。3D 打印头可调温度为 150~256℃。耗材进料速度为 0.005 毫米 / 步。配备步进电机控制器，可实现 3200 步 / 转。可选喷嘴直径为 0.3mm、0.4mm、0.5mm、0.7mm 和 1.0mm。

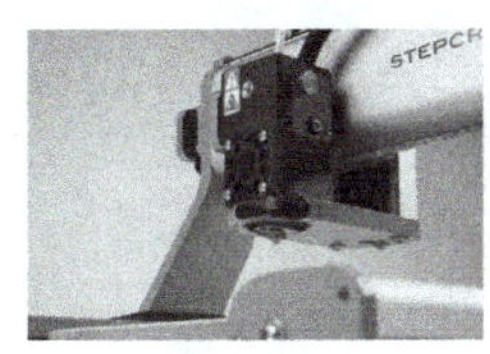

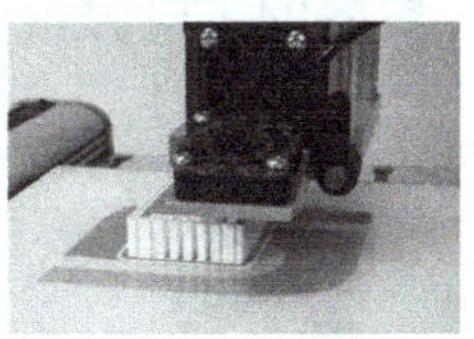

任务三　手机支架后处理

职业活动

步骤：产品后处理

1）取件。打印之后，使用平铲将手机支架从底板处取下，如图 3-33 所示。

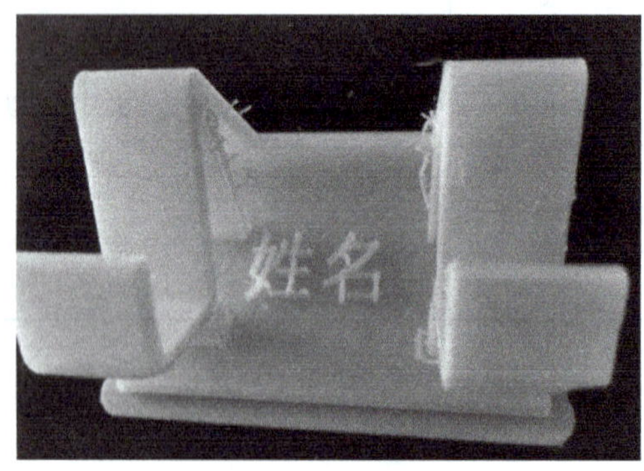

图 3-33　取件

2）去支撑。使用偏口钳或刻刀等工具将支撑取下，此时注意力度，防止将工件破坏。

3）打磨。使用砂纸打磨，处理后的手机支架如图 3-34 所示。

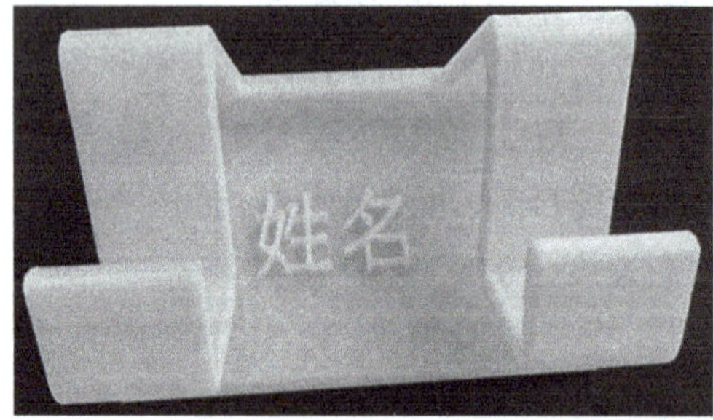

图 3-34　手机支架

职业知识

表面处理

表面打磨	常用工具：锉刀和砂纸。
	高级工具：抛光工具和研磨膏。
表面喷砂	比打磨效率高，表面粗糙度均匀，磨砂质感。
化学处理	ABS 模型可以使用丙酮抛光。
	PLA 需要使用 PLA 专用的抛光油。

拼接

502 胶水	有瞬间胶粘剂之称。
AB 胶	粘接物固化后完美无痕，可常温固化，环保无毒。
热熔胶	可塑性的黏合剂。
UV 胶	使用紫外线光进行照射后，能快速成型。

上色

手工上色	浅色底色打底（浅灰色或白色），然后涂主色。
喷漆	主要用于较大范围的着色，色彩比较单一。
浸染	只适用于尼龙材料，纯色浸染较灰暗，以单色为主。
电镀	有铬色、镍色、金色三种颜色，适用于金属和 ABS 塑料。
纳米喷镀	可选择多种颜色，适用于各种材料，色彩过渡自然。

项目展示

实用手机支架已经制作完成，这个过程中或多或少都有一些收获与他人分享，请根据图 3–35 的内容制作 PPT，并按照图 3–36 的内容优化 PPT，进行小组间的汇报。

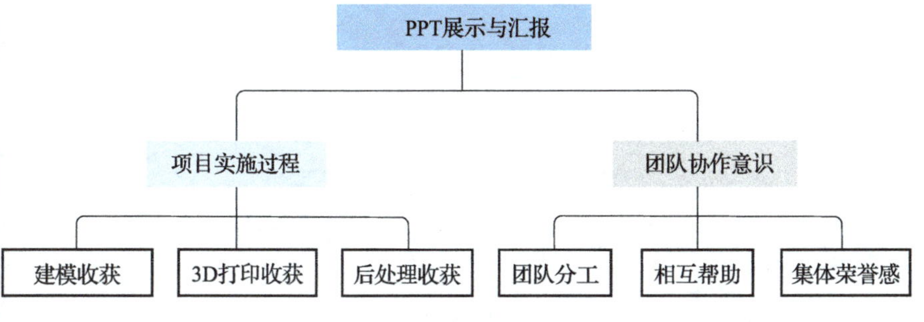

图 3–35　PPT 展示与汇报

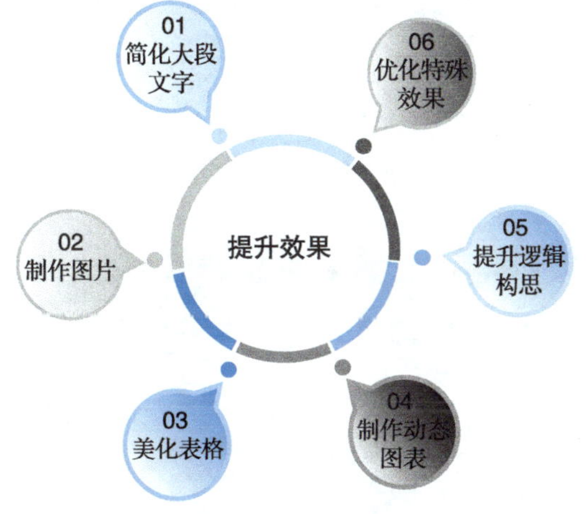

图 3–36　PPT 效果提升

创意与创新拓展

设计手机支架时要考虑其携带的方便性、美观性等因素。市场上手机支架各种各样，有些偏重于功能的实用性，有些偏重于外形的美观性，如图 3–37 所示。请思考手机支架还可以在结构和形状方面进行哪些创意，填写图 3–38。

图 3–37　手机支架创意

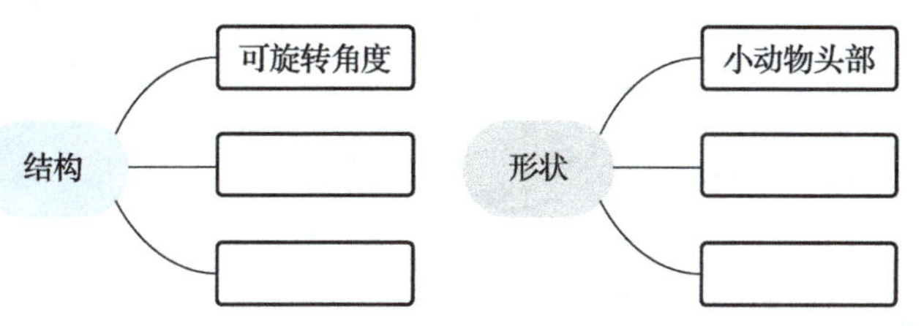

图 3–38　手机支架结构和形状的创意

我的创意手机支架草图：

创客实验室　制作创意相框

项目发布

请设计并制作一款轻巧、美观稳固、容易取放照片的可 360° 旋转的相框。

要求：

1）自重轻。

2）易摆放，易取放相片。

3）结构稳固，可 360° 旋转。

4）符合社会效益和经济效益。

5）使用熔融沉积原理打印制作相框，材料使用 PLA 或者 ABS。

6）48 小时内设计并制作出符合要求的相框。

可参考下面符合结构要求的相框（图 3–39）。

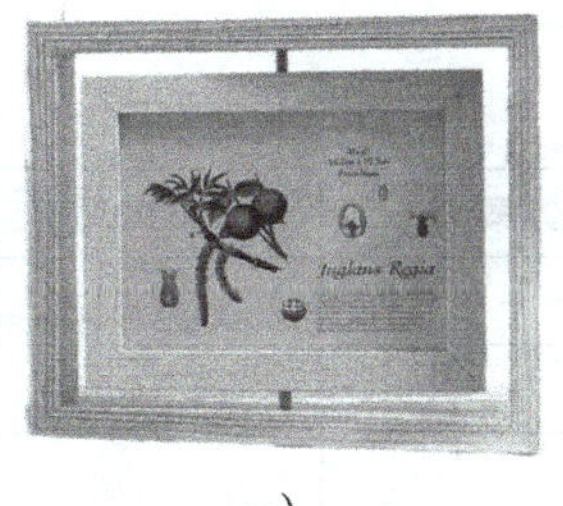

a）

b）

c）

图 3-39　创意相框

项目实施

1. 资讯

本项目将制作可 360° 旋转的相框。为了设计出既美观又符合要求的相框，我们要做很多工作，如查阅资料、整理资料、设计图样、制作相框等，请自行组队，相互配合完成本项目。

1）查找资料。关于制作相框的资料，要通过哪些途径查找呢？请将关键词写在图 3–40 中。

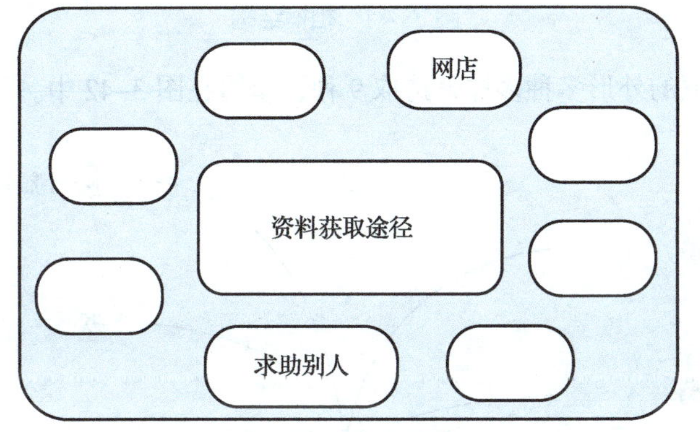

图 3-40　资料获取途径

2）符合要求的相框结构有很多种，小组商议后选取 9 种，填写在图 3–41 中。

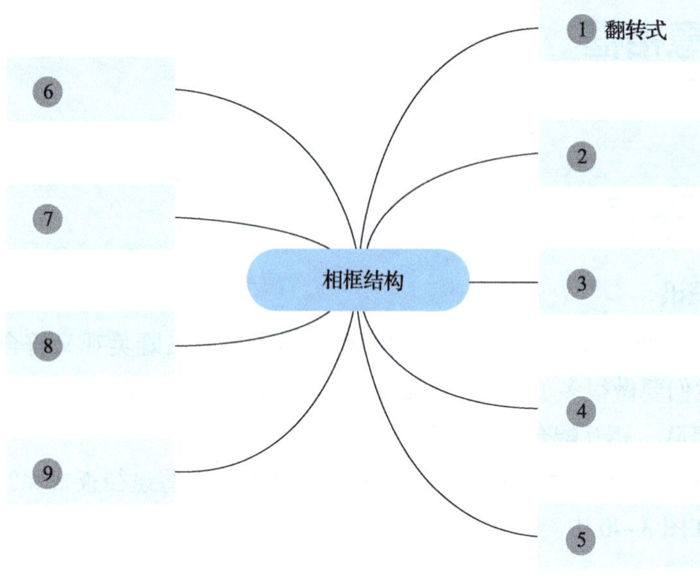

图 3-41　相框结构

3）相框的外形多种多样，选取 9 种，填写在图 3-42 中。

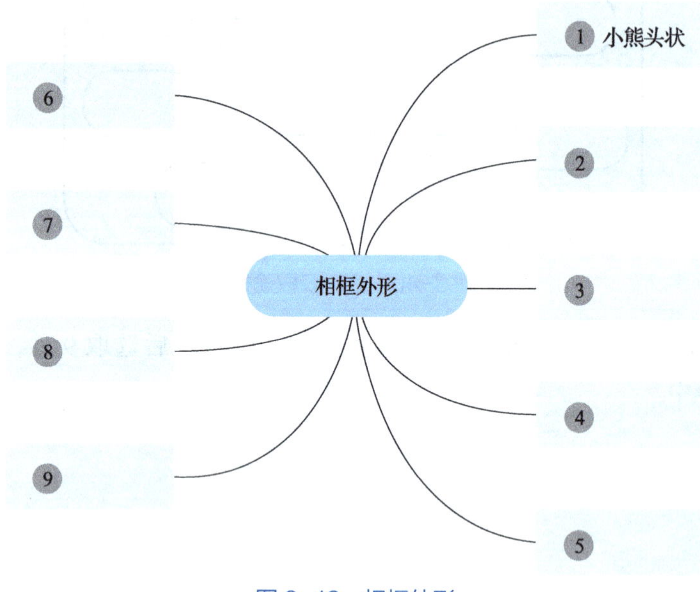

图 3-42　相框外形

2. 计划

1）相框的结构五花八门，外形也各不相同。不同结构与不同的外形组合起来可以形成多个方案，小组讨论后，将最优的 4 个组合方案填写在图 3-43 中。

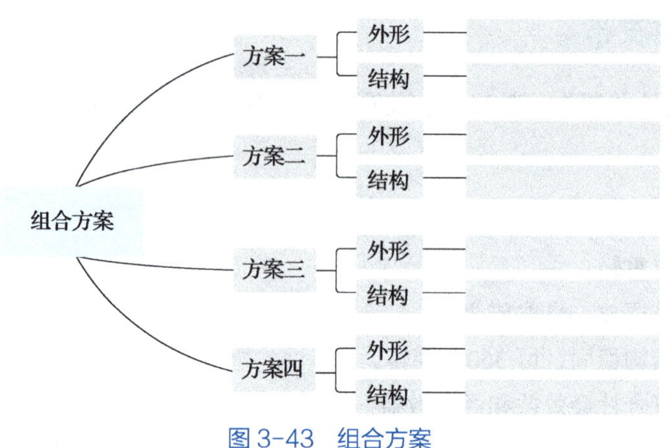

图 3-43　组合方案

2）评估各组合方案，从结构的复杂程度、设计的创意性、制作的可行性、耗时长短、小组人员的喜爱程度等方面进行对比，分析组合方案的优势和劣势，并选择关键词记录，填写在表 3-4 中。

表 3-4　组合方案优劣势分析

优劣势	方案一	方案二	方案三	方案四
优势				
劣势				

3）我们已经对 4 种方案进行了详细的优劣势分析，请小组内讨论，确定最终选用的组合方案。最终选取第________种方案进行设计与制作。

4）方案选定后，下面来设计 360° 旋转相框的图样。请将图样绘制在下框中。

5）选用________________三维软件建立 360° 旋转相框模型，采用________________3D 打印机进行打印制作。

3. 决策

1）图纸设计完成后，怎么将设计的图纸制作成精美的相框呢？想一想，将其分成几个任务合适呢？请将具体的任务名称填写在图 3-44 中，不够的在空白处进行补充。如果有多余的框格，请将其划掉。

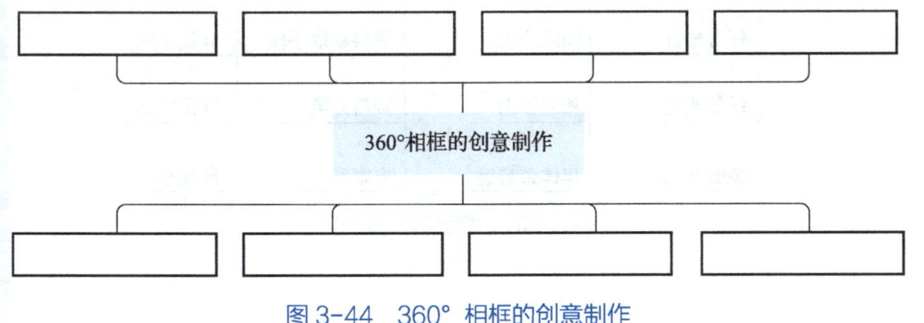

图 3-44　360° 相框的创意制作

2）实施这些任务时，是并列进行还是前后次序进行？任务中有没有重叠的时刻？预设每个任务的时长，并将各个任务进行排序，填写表 3-5。

表 3-5　项目实施计划

项目分解	时间 /h									项目负责人

4. 实施

1）制作精美的相框之前，需要仔细规划具体的实施步骤，填写图 3-45 中的实施流程。如果小组的方案复杂，可在空白处补写框格。如果方案简约，划去多余的框格。

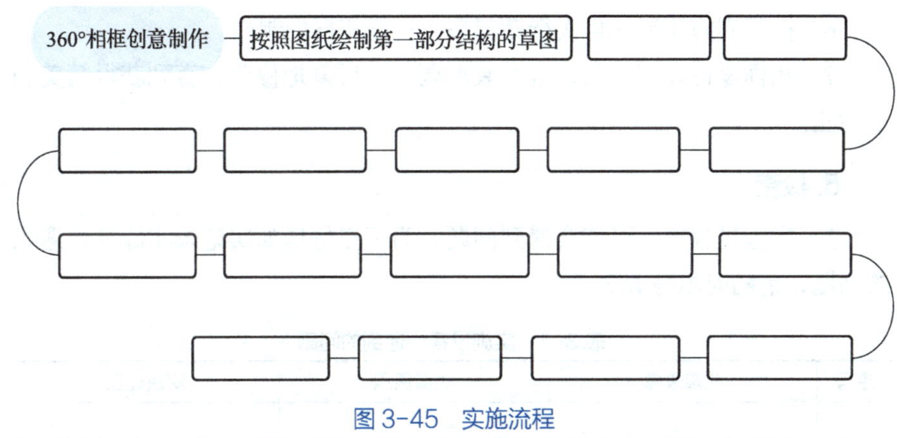

图 3-45　实施流程

2）实施流程图已经很完美，让我们按照实施流程图的指引完成 360° 相框的创意设计与制作。

3）根据图 3-45，填写表 3-6，准备完成项目所需的工具、软件、设备等。

表 3-6 项目准备

序号	种类	名称	型号	数量	准备情况	替换工具
1	工具				□完成 □未完成	
					□完成 □未完成	
					□完成 □未完成	
					□完成 □未完成	
					□完成 □未完成	
2	软件				□完成 □未完成	
					□完成 □未完成	
3	设备				□完成 □未完成	
					□完成 □未完成	
4	材料				□完成 □未完成	
5	其他				□完成 □未完成	

4）零件加工的过程中，注意工具的使用安全，注意应用工作环境的5S原则。

5）零件加工之后，装配调试可能出现故障。如果没有达到预期效果，请检查图纸，看看哪里出现了问题。

6）按照实施流程图再次行动起来，进行相框的制作。

7）相框零件加工之后，进行装配调试，反复地修改，直到获得精美相框为止。

5. 检查

1）实施过程中，可能会遇到问题。为了更好地如实记录实施过程遇到的问题，请随时填写表 3–7。

表 3-7 实施过程中遇到的问题

序号	故障表象	故障原因	解决途径
1			
2			
3			
4			
5			
6			

2）为了提升实施过程的效率，填写表 3–8，将一些常见的故障表象写出来，查找故障原因，并把解决的途径一并找出。

表 3-8 常见的故障表象及解决途径

序号	故障表象	故障原因	解决途径
1	草图拉伸时，拉伸成片体结构		
2	打印机无法识别文件		
3	打印时，底部翘边		
4	打印机打印时，机器发出刺耳的声音		
5	打印实体时，出现了断层		
6	工件与底板难剥离		
7	组装调试后，无法旋转		

6. 展示

精美的相框制作完成后，将自己喜爱的照片放在里面吧。每组制作一份 PPT，并由一名小组成员进行展示与汇报，展示与汇报内容如图 3–46 所示。

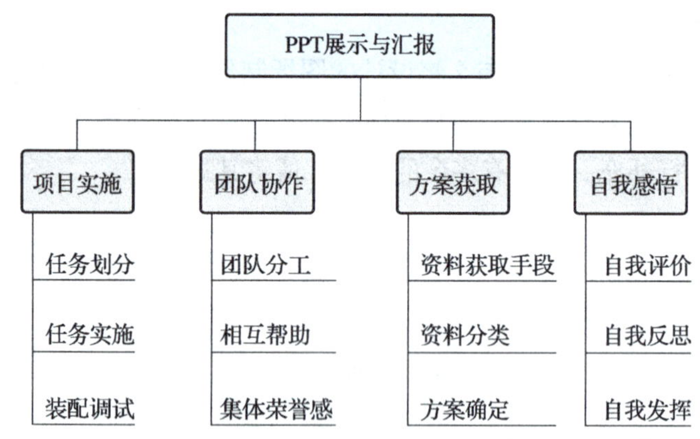

图 3-46 展示与汇报内容

项目评价

项目完成的每个环节至关重要，从接触项目到项目结束，我们是否都是按照要求做的呢？根据表 3-9 进行合理的评分，要秉持公平、公正、公开的原则。

表 3-9 项目评价表

<table>
<tr><th rowspan="2">序号</th><th colspan="3" rowspan="2">评价内容</th><th rowspan="2">分值</th><th colspan="3">评价结果</th></tr>
<tr><th>自评</th><th>互评</th><th>师评</th></tr>
<tr><td>1</td><td rowspan="3">团队意识</td><td>团队分工</td><td>能够明确记录每一位参与者的任务</td><td>8</td><td></td><td></td><td></td></tr>
<tr><td>2</td><td>团队协作</td><td>能够体现团队成员之间相互协作</td><td>7</td><td></td><td></td><td></td></tr>
<tr><td>3</td><td>团队荣誉感</td><td>成员将自己的任务认真完成</td><td>7</td><td></td><td></td><td></td></tr>
<tr><td>4</td><td rowspan="4">任务实施</td><td>软件建模</td><td>使用软件对产品进行建模处理</td><td>10</td><td></td><td></td><td></td></tr>
<tr><td>5</td><td rowspan="2">3D 打印</td><td>使用切片软件对模型进行切片处理</td><td>8</td><td></td><td></td><td></td></tr>
<tr><td>6</td><td>导入打印机进行打印处理</td><td>7</td><td></td><td></td><td></td></tr>
<tr><td>7</td><td>打印后处理</td><td>利用工具对打印产品进行后处理，达到使用要求</td><td>15</td><td></td><td></td><td></td></tr>
<tr><td>8</td><td rowspan="3">展示环节</td><td>产品展示</td><td>经过装配等处理，获得项目产品</td><td>10</td><td></td><td></td><td></td></tr>
<tr><td>9</td><td rowspan="2">PPT 汇报</td><td>PPT 制作精美，内容饱满</td><td>15</td><td></td><td></td><td></td></tr>
<tr><td>10</td><td>汇报思路清晰，表达清楚</td><td>13</td><td></td><td></td><td></td></tr>
<tr><td colspan="4">总分</td><td>100</td><td colspan="3"></td></tr>
</table>

创客项目四

创意激光雕刻

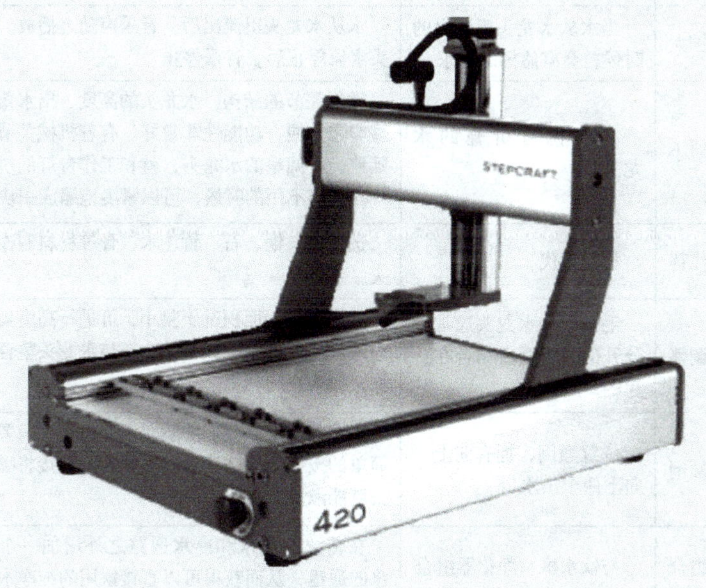

创客小讲堂

创客知识

1. 奥斯本检核表

奥斯本检核表由创造学之父——美国人亚历克斯·奥斯本于 1941 年提出，是一种创造性想象的检核表。它通过改变原有条件，综合应用各种思维产生新事物（新观念、新方案）。奥斯本检核表针对某种特定要求制定，主要用于新产品的研制开发，从九个问题入手引导人们进行思考，促进人们产生新设想、新方案，具体内容见表 4–1。

表 4-1 奥斯本检核表的引导问题及含义

序号	引导问题	含义
1	能否他用	产品有无其他用途，保持不变能否扩大用途，稍做改变是否可有其他用途，能否引入其他创造性设想
2	能否借用	能否借鉴、模仿其他设想，引入新的元素、材料、造型、原理、工艺和思路
3	能否改变	现有事物能否进行改变？如颜色、声音、味道、样式、品质、方法，改变后效果如何
4	能否扩大	现有事物可否扩大使用范围，能否增加使用功能；能否增加零部件；延长使用寿命，增加长度、厚度、强度、频率、数量等
5	能否缩小	现有事物能否体积变小、长度变短、重量变轻、厚度变薄以及拆分或省略某些部分（简单化）
6	能否代替	现有事物能否用其他材料、元件、结构、设备、方法等代替
7	能否调整	现有事物能否变换排列顺序、位置、时间、速度、计划、型号；内部元件可否交换
8	能否颠倒	现有事物能否从里外、上下、左右、正负、因果等相反的角度颠倒使用、应用
9	能否组合	现有事物能否进行原理组合、材料组合、部件组合、形状组合、功能组合、目的组合等实现新的功能

2. 5W2H 思维框架法

5W2H 思维框架法通过对现有物品、产品或方法连续提出 7 个问题，发现问题的线索，寻找新的思路，进行设计构思，从而获得对现有物品、产品或者方法进行改进的新设想、新方案。

5W2H 思维框架法的核心问题：Why —— 何故（为什么）？ What —— 何事（做什么）？ Who —— 何人（谁）？ When —— 何时（什么时间）？ Where —— 何地（什么地点）？ How —— 如何（怎么样、怎么做）？ How much —— 何量（做到什么程度）？

5W2H 思维框架法与人们的思维习惯是一致的，如警察破案时，要回答 7 个问题：作案动机是什么？作案内容是什么？作案人是谁？作案时间在何时？作案地点在哪里？如何作案？案件性质与危害程度是什么？

创客世界

1. 运用奥斯本检核表改进家用水龙头

运用奥斯本检核表对家用水龙头进行改进，具体的分析过程见表 4-2 所示。领会奥斯本检核表的九种引导问题带给你的启发，结合具体案例，写一篇 500 字的感受。

表 4-2 运用奥斯本检核表改进家用水龙头

序号	检核项目	发散性设想	初选方案
1	能否他用	带有 LED 灯的水龙头，利用水流自动发电，不需要安装电池就可实现区域照明	当有水流动时，触点开关接通电源，LED 灯亮起，没有水流动时，则触点开关关闭，LED 灯灭。内镶自动化控制系统，能根据 LED 灯的颜色判断水温高低，并实现区域照明
2	能否借用	借助计算机技术，设计智能水龙头	带触摸屏技术的水龙头，触摸屏上面可以显示水温、外部气温以及其他有用信息
3	能否改变	水流流量可以自由调整	将汽车的档位控制借鉴到水龙头的设计上，可以更换档位来控制水流量，实现节约用水
4	能否扩大	当水从水龙头里流出的时候，会有悠扬的音乐	水从水龙头里流出后，音乐声随之播放。水龙头水流停止后，音乐停止
5	能否缩小	方便化可折叠的水龙头	类似关节的结构，水龙头的高度、出水角度调整非常方便，功能性非常好。有着机械关节、可延伸、可调整的水龙头，就和工作台灯的机械臂一样，当不用的时候，可以紧凑地缩成一块
6	能否代替	材料替代	选择钢、铜、石、竹、木、骨等材料制作水龙头
7	能否调整	毛巾架和水龙头通常是分开的，将两者结合在一起的	如果卫生间面积过于狭小，可进行高度集中的简约设计，可以试试将毛巾架与水龙头整合在一块，提高空间利用率
8	能否颠倒	位置颠倒，拥有向上、向下两个出水口	出水口向上，我们洗漱时无须口杯，只要通过简单的按钮切换，让水朝上涌出，直接将嘴凑上去就能漱口
9	能否组合	与饮水机、净化器组合	在传统的热水和冷水通路之外增加一个净化水的通道，从而获得可以直接饮用的纯净水

2. 5W2H 思维框架法的实施步骤

①检查现有物品、产品或者方法的合理性，从 7 个角度检查提问；②找出主要优缺点、难点；③讨论、分析，寻找改进措施。

提问是 5W2H 思维框架法实施的重要手段，视问题性质的不同，检查内容的不同，提问的内容与方式也不同，示例如下：

Who —— 谁能做？谁不适合参与？谁是客户？谁支持？谁决策？谁是关键？忽略了谁？

Where —— 到哪里最快？何处买最便宜？安装在哪里最合适？哪里机会最多？

When —— 何时完成？何时开始？何时销售？何时产量最高？

What —— 条件是什么？目的是什么？重点是什么？功能是什么？规范是什么？依据是什么？要素是什么？

Why —— 为什么不发光？为什么漆成绿色？为什么做成圆形？为什么不用电机代替柴油机？为什么制造过程环节这么多？

How —— 怎么做最省力？怎么做最快？怎么做效率最高？怎样改进？怎样避免失误？怎样发展？怎样最便捷？怎样最吸引人？

How much —— 功能如何？效率怎样？利弊怎样？安全性怎样？销售额如何？成本怎样？环保指标怎样？

创新故事

攻坚克难　助力高铁“中国梦”

铁路是我国的重要基础设施、大众化的交通工具，在综合交通运输体系中处于骨干地位。

1952 年 7 月，新中国第一条铁路 —— 成渝铁路成功通车；1998 年 5 月，广深铁路电气化提速改造完成，设计最高时速为 200km/h；1998 年 6 月，韶山 8 型电力机车于京广铁路的区段试验中达到 240km/h 的时速，创下了当时的“中国铁路第一速”，成为中国第一种高速铁路机车。

2007 年，作为全国铁路第六次大提速的主力车型，时速 250km/h 动车组试制生产。列车转向架横梁与侧梁间的接触环口，是承载整车约 50t 重量的关键受力点。按常规焊法焊接段数多，接头易出现缺陷，质量无法保证，成为阻碍生产的拦路虎。大国工匠李万君总结出“构架环口焊接七步操作法”，一枪焊完整个环口，成功助力高铁“中国梦”。2007 年 4 月，全国铁路得以顺利实施第六次大提速。繁忙干线提速区段达到时速 200~250km/h。这是世界铁路既有线提速最高值。“和谐号”动车组从此驶入了百姓的生活中。随着我国高铁产业不断升级，技术也越来越“高精尖”，中国高铁也完成了时速 250km/h、350km/h、380km/h 的“三级跳”。如今，中国高铁向更高的时速发起进攻，大国工匠们也正助力“中国梦”的提速。

创客思维训练

活动一　创新改进

1）运用奥斯本检核表对下面产品进行分析并提出解决方案，任选一题。

①对枕头的改进；②对眼镜的改进；③对自行车的改进；④对空调的改进；⑤对台灯的改进。

2）训练要求：①训练时要聚精会神、紧张快速；②不必思考结果是否正确；③一旦找不到新的思路，就转入下一个步骤；④详细地记录各种设想；⑤根据整合而成的解决方案写出分析报告。

分析报告共四个部分（不少于 800 字）。第一部分：列表；第二部分：分析重点问题；第三部分：寻找解决方法；第四部分：确立方案，最好在初选方案中附上方案草图。

活动二　走进生活

关注校园周边的餐厅，选定其中一个，想一想，如何将校园周边餐厅的经营提升一个台阶？

应用 5W2H 思维框架法寻找改进创新点，填写表 4-3。如果没有改进措施，请说明理由。表格已填处是否合理，如不合理请改正。

表 4-3　校园周边餐厅经营创新

序号	提问项目	提问内容	探求原因	改进措施
1	Who（谁？）	谁是校园周边餐厅的顾客	学生为主	
2	Where（地点？）	校园周边餐厅的地理位置如何	多数学生必经之处，有位置优势	
3	When（时间？）	何时来就餐	正常餐点占 50%，其他占 50%	
4	What（做什么？）	学生想吃什么	小吃和快餐	
5	Why（为什么？）	学生为什么到校园周边餐厅就餐	校园食堂饭菜不可口；错过校园食堂开饭时间；改善一下；变变口味	
6	How（怎么样？）	如何方便学生就餐	随时可提供服务	
7	How much（到什么程度？）	如何做到物美价廉	薄利多销	

创客体验　制作个性化杯垫

学习目标

- 能够制订加工个性化木质杯垫的计划。
- 能够正确选用司代普加工模块。
- 能够正确安装司代普激光雕刻系统。
- 能够正确使用司代普 UCCNC 软件激光模块进行图案雕刻。
- 能够正确使用 Autodesk Fusion 360 软件进行木质杯垫实体建模。
- 能够正确使用 Autodesk Fusion 360 软件进行 NC 程序的导出。
- 能够正确安装司代普铣削加工系统。
- 能够正确使用司代普 UCCNC 软件铣削模块进行木质杯垫加工。
- 能够解决激光雕刻、铣削加工过程中出现的问题。
- 能够对木质杯垫做出评价。
- 能够对木质杯垫进行个性化创意与加工。
- 能够展示杯垫的制作过程。

项目发布

杯垫一般用于餐厅、咖啡厅、酒店等公共场所，家庭也可使用。杯垫有较强的摩擦力，能防止玻璃杯、瓷杯滑落，也可保护桌面不被烫坏。木制杯垫实用性强，耐用，通过个性化定制，将指定的图案和文字印刷到木质杯垫上，可以让用户获得定制的杯垫。

使用司代普主机（图 4–1、图 4–2），先将个性化图案用激光打印的方法印制到木板上，然后再使用数控铣削加工的方法完成圆形杯垫的制作，从而获得个性化木质杯垫，满足使用者的需求。

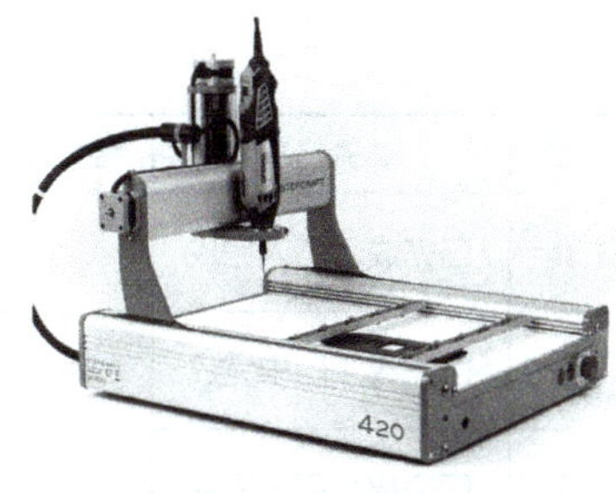

图 4–1　司代普主机

图 4–2　司代普主机加工过程

要求：

1）使用司代普激光雕刻系统在木板上雕刻出鹿头图案，具体图案如图 4–3 所示，高度为 60mm，宽度根据系统软件自动生成。

2）使用 Autodesk Fusion 360 软件进行木质杯垫实体建模，具体尺寸如图 4–4 所示，建模完成后生成 NC 加工程序。

3）使用司代普铣削系统在木板上完成杯垫加工制作，项目时间控制在 10h。

4）使用工具完成杯垫后处理，将杯垫打磨光滑，如图 4–5 所示。

图 4–3　杯垫图案

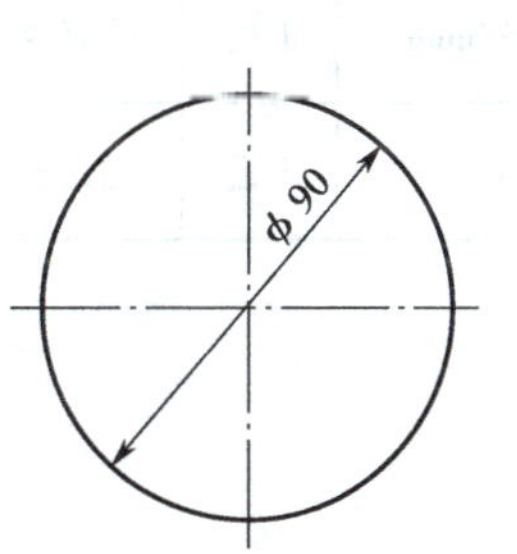

图 4–4　杯垫尺寸

图 4–5　最终效果

项目准备

填写表 4–4，准备完成项目所需的设备。

表 4–4　项目准备

序号	种类	名称	规格与型号	数量	准备情况	替换工具
1	工具	整形锉	—	1 套	□完成　□未完成	
		水砂纸	—	1 张	□完成　□未完成	
2	软件	UCCNC 软件	—	1 套	□完成　□未完成	
		Autodesk Fusion 360 软件	—	1 套	□完成　□未完成	
3	设备	计算机	—	1 台	□完成　□未完成	
		司代普主机	司代普 420	1 台	□完成　□未完成	
		司代普激光雕刻系统	司代普 420	1 台	□完成　□未完成	
		司代普铣削加工系统	司代普 420	1 台	□完成　□未完成	
4	量具	游标卡尺	0~150mm	1 支	□完成　□未完成	
5	材料	椴木黏合板	厚 3mm	1 块	□完成　□未完成	
6	刀具	铣刀	1mm	1 把	□完成　□未完成	

项目计划

制作个性化杯垫时，先用激光雕刻系统在模板上雕刻出个性化图案，图案可以使用黑白照片直接导入或者自行绘制，再用铣削系统将带图案的圆形杯垫加工出来。在使用激光雕刻时，需要根据木板的特点进行试雕刻，直到雕刻出清晰的图案为止，然后使用铣削系统完成加工。铣削后的产品边缘会有毛刺，需要进行后处理让杯垫边缘光滑，从而完成个性化杯垫的制作。

本项目计划 10h 完成，具体实施计划见表 4–5。

表 4–5　项目实施计划

项目分解	时间 /h										项目负责人
	1	2	3	4	5	6	7	8	9	10	
制定总体加工方案	■	■									全体成员
激光雕刻个性化图案		■	■	■	■						成员 1
铣削木质杯垫					■	■	■	■			成员 2
产品后处理									■		成员 2
产品展示									■	■	全体成员

项目执行流程如图 4–6 所示。

图 4–6　项目执行流程

项目实施

任务一　激光雕刻个性化图案

职业活动

步骤一：安装激光雕刻系统

1）用信号线将激光雕刻系统与主机连接在一起并固定，如图 4-7 所示。

2）将激光头安装在功能夹具上，如图 4-8 所示。

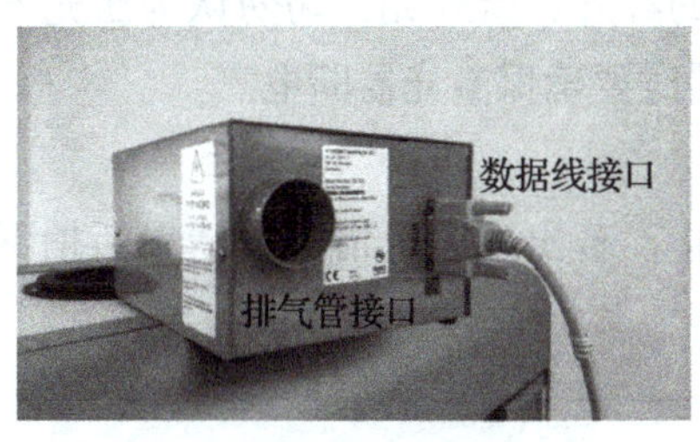

图 4-7　连接激光雕刻系统与主机

图 4-8　安装激光头

步骤二：设置 UCCNC 系统软件

1）将激光脚本文件夹里 M31 文件替换至 UCCNC \ Profiles \ Macro_Stepcraft2_Model ×××（对应机器的型号）目录下。

2）打开 stepcraft9-Model ×××（对应设备的型号）软件，如图 4-9 所示。

司代普激光雕刻设备连接

司代普激光雕刻软件操作

图 4-9　打开 stepcraft9-Model ×××（对应设备的型号）软件

职业知识

激光雕刻注意事项

进行激光雕刻操作时，需要穿着工服和安全鞋，戴口罩和护目镜。

操作前需检查是否在安全环境中作业，不要在潮湿的地方使用。

保障设备平放在桌面上，底部水平，操作平台整洁。

设备未经润滑，不许启动。

检查设备线路是否松断，设备外部是否完好，XYZ 三轴限位情况。

确保 RESET 急停按钮松开。

确保设备电源正常，数据线连接计算机。

设备工作时操作人员不得离开，如若需要离开必须切断电源，或直到设备完全停止再离开。

在检修设备的时候，必须切断电源。

在设备工作过程中，操作人员必须随时观察机器工作情况。

装夹、测量工件时，必须在功能系统停止的情况下进行。

松紧工件时，需双手同时操作，不能单手随意操作。

绘制过程出现问题时，要及时按下急停按钮，以确保人员和设备的安全。

工具用完需放在安全位置，不宜随手乱放在工作台面上，保持工作台的清洁，杂乱的工作台可能引发事故。

加工时，非操作人员不得靠近加工区域。

未经培训的人员不得直接操作设备。

激光雕刻时，激光头要平稳贴紧在夹具上，加工材料要夹紧。

一定要先打开激光雕刻主轴控制器开关，再开始加工。

毛刷要与工作平面相切，以防激光射出。

3）选择 CONFIGURATION → AXISSETUP → SPINDLE 进行参数设置，更改完参数后，单击“Apply settings”按钮应用，再单击“Save settings”按钮保存，如图 4–10 所示。

4）选择 CONFIGURATION → I/O SETUP 进行参数设置，更改完参数后，单击“Apply settings”按钮应用，再单击“Save settings”按钮保存，如图 4–11 所示。

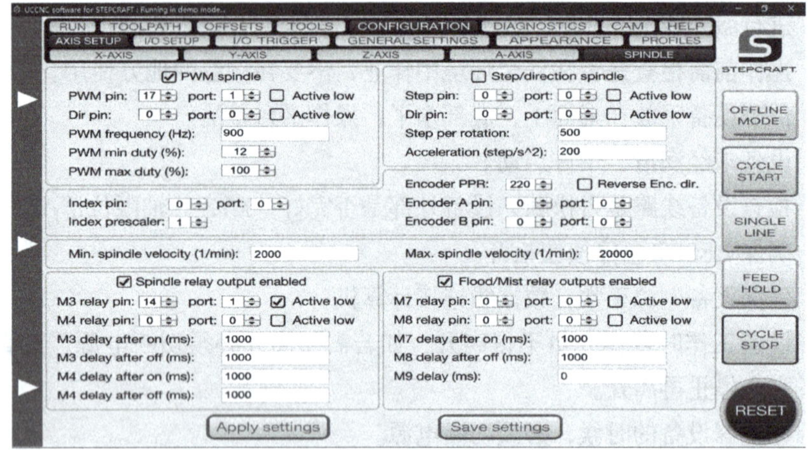

图 4–10　设置 SPINDLE

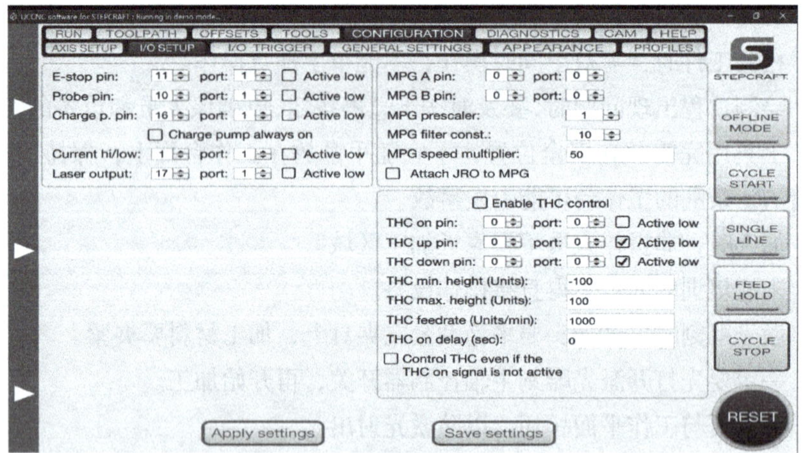

图 4–11　设置 I/O SETUP

激光雕刻注意事项（续）

设备在工作期间，工作人员及参观人员需佩戴激光护目镜，以防激光对人眼造成伤害。

设备操作之前，检查设备的急停开关是否正常，以防意外发生。

设备加工期间，有轻微噪音，若长时间工作，需佩戴降噪耳塞。

设备加工期间，不同的加工材质会产生不同的气体，需安装排气管并保持通风，操作人员需佩戴口罩。

为了使激光束的光反射最小化，可以使用反光率较小的材料，比如木板，严禁使用金属及透光材质加工。

激光器工作时会发射人眼不可见的红外、紫外光，切勿认为激光器发生故障而去用眼睛检查，在检查激光器时要确保激光器断电。

本套激光设备禁止切割任何材质。

激光雕刻一旦开始运行便不可停止，若出现紧急情况，请果断拍下急停按钮。

激光雕刻完成后需回到机器原点。

司代普在使用不同功能模块时，硬件采用不同的控制系统，软件也采用不同的控制模块，在使用时每次只能打开一个模块软件。

在加工制作前，首先应该充分了解使用的材料，并对材料进行测试，根据不同灼烧程度的细节进行调整。

司代普主机

功能		多功能桌面级创新数控设备，由数控 G 代码驱动，具备数控绘画、木质燃烧、线切割、拖刀切割、铣削（第四轴、自动换刀）、激光雕刻、3D 打印、3D 表面检测、震动切割等功能。	 司代普 840 主机结构介绍

5）选择 CONFIGURATION → GENERAL SETTINGS 进行参数设置，单击“Apply settings”按钮：按钮应用，再单击“Save settings”按钮保存，如图 4-12 所示。

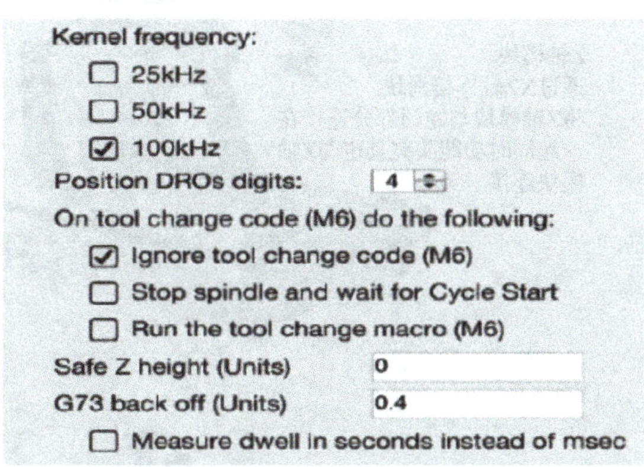

图 4-12　设置 GENERAL SETTINGS

6）选择 CONFIGURATION → GENERAL SETTINGS → Configure plugins 进行参数设置，更改完参数后，单击“Apply settings”按钮应用，再单击“Save settings”按钮保存，如图 4-13 所示。

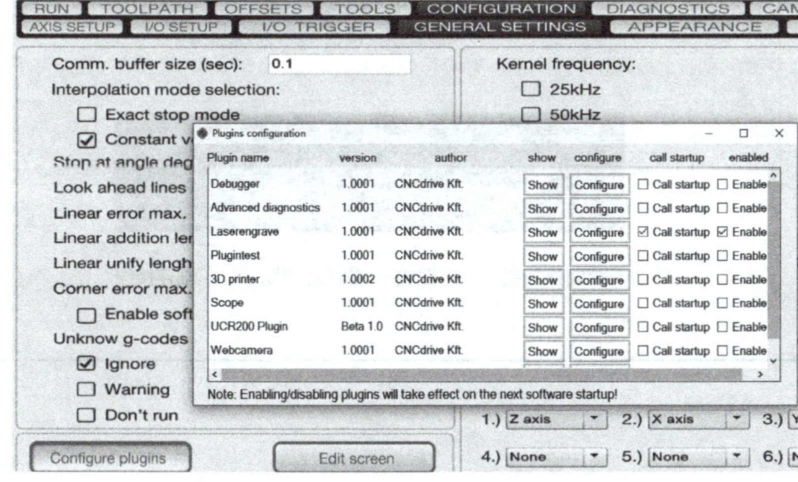

图 4-13　设置 Configure plugins

司代普主机（续）

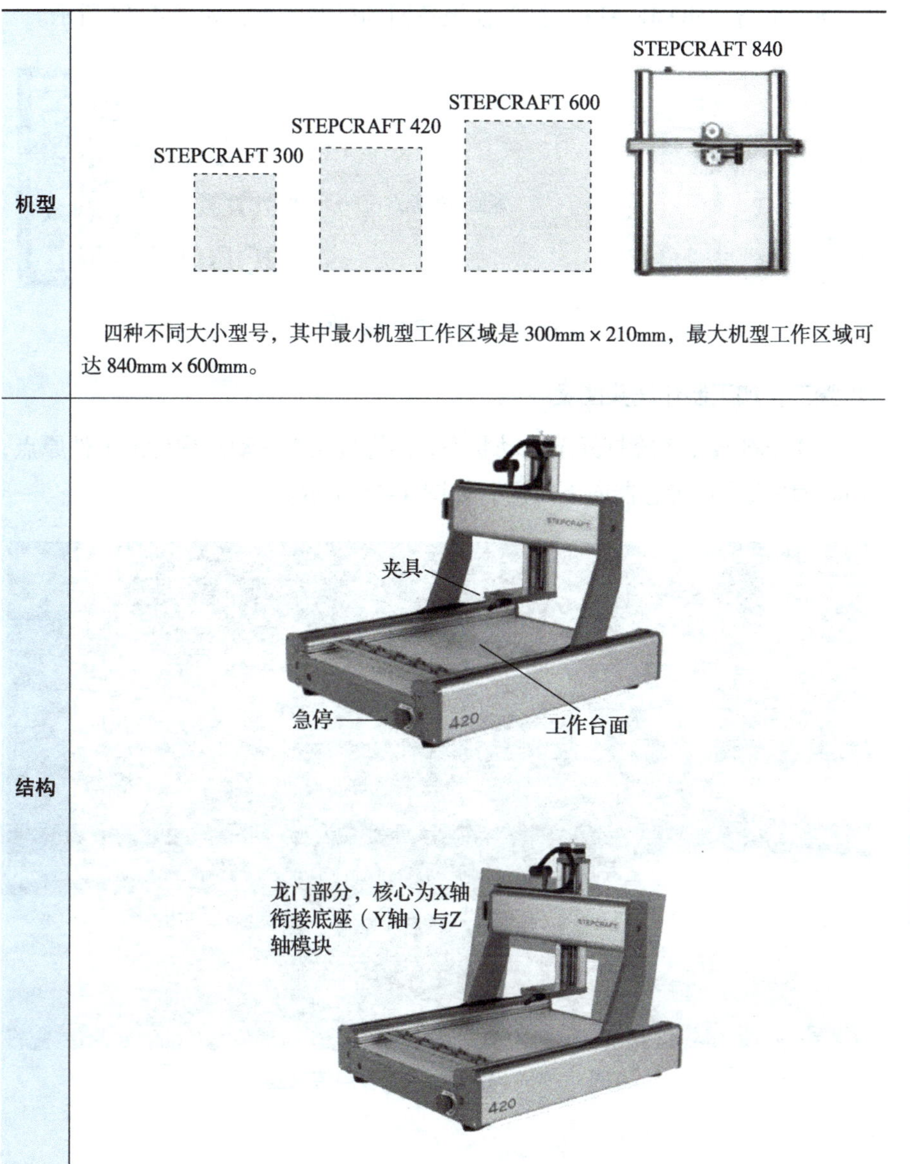

机型	STEPCRAFT 300　STEPCRAFT 420　STEPCRAFT 600　STEPCRAFT 840 四种不同大小型号，其中最小机型工作区域是 300mm × 210mm，最大机型工作区域可达 840mm × 600mm。
结构	夹具　急停　工作台面 龙门部分，核心为X轴衔接底座（Y轴）与Z轴模块

7）重新启动 Stepcraft2_Model ×××（对应机器的型号）控制软件。

8）单击“HOME ALL”按钮使设备回到机器原点，如图 4-14 所示。

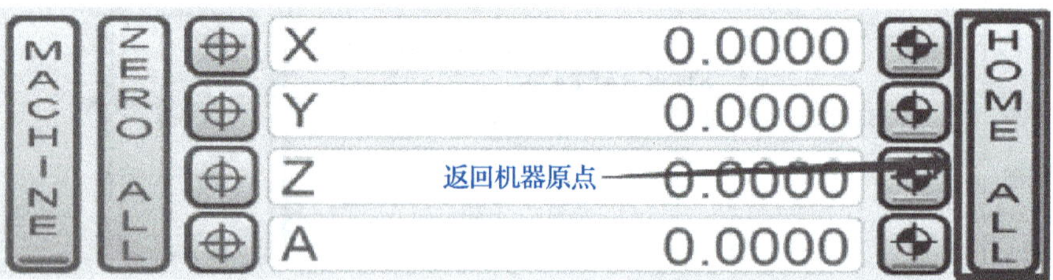

图 4-14　设备回到机器原点

步骤三：加工制作鹿头图案

1）先将激光系统打开至启动状态，再将激光头移动至预计的工件原点，并将滑块式零点传感器向下拉出，如图 4-15 所示。

图 4-15　拉出滑块式零点传感器

司代普主机（续）

结构	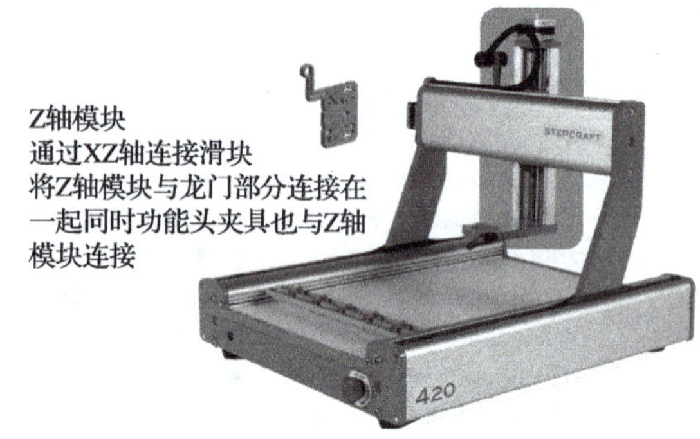 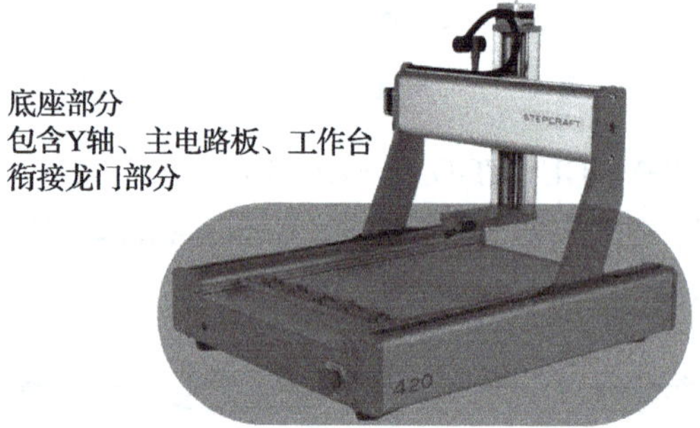 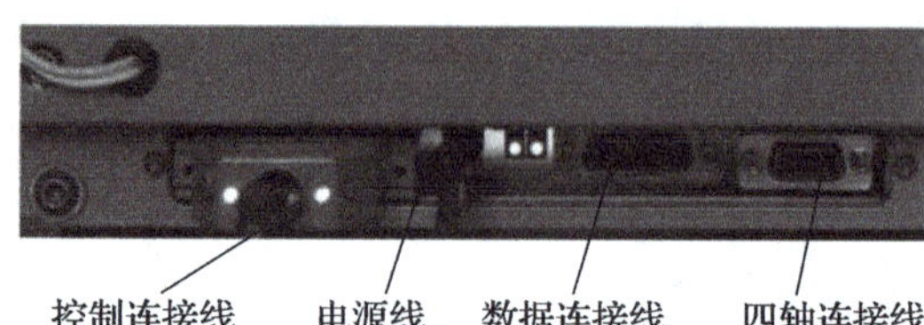

2）在 UCCNC 中单击“检测”按钮，开始定位激光发射器的最佳对焦位置，如图 4-16 所示。

图 4-16　定位激光发射器的最佳对焦位置

3）打开操作界面，导入图片，进行适量的参数调整，并设置加工原点，如图 4-17 所示，功能选择为第一个选项，鹿头高度可以设置为 60mm，宽度根据系统自动生成，Y 轴行距为 0.1，其他参数保持不变。

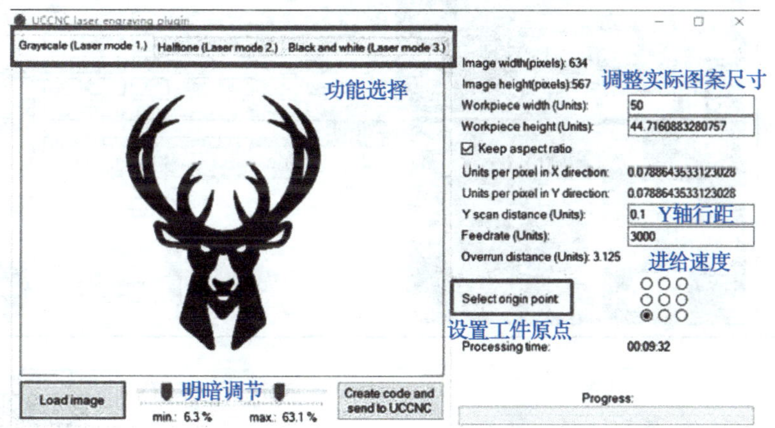

图 4-17　导入图片并进行参数设置

司代普激光雕刻系统

结构

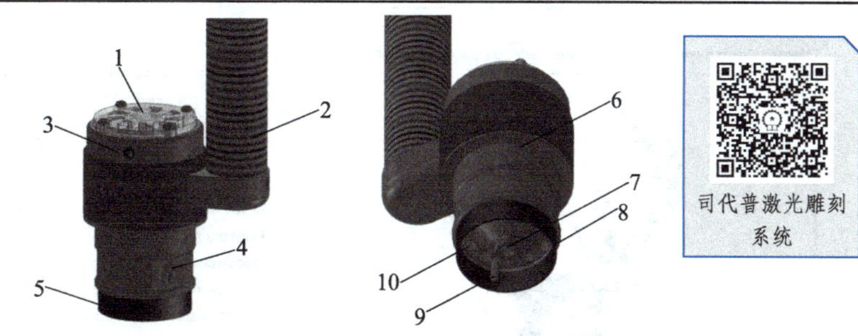

1—激光风扇　2—排气软管　3—LED 操作指示　4—滑块式零点集成传感器　5—防散射毛刷　6—安装位置安全开关　7—激光发射孔　8—防散射毛刷　9—滑块式零点集成传感器　10—排烟通道

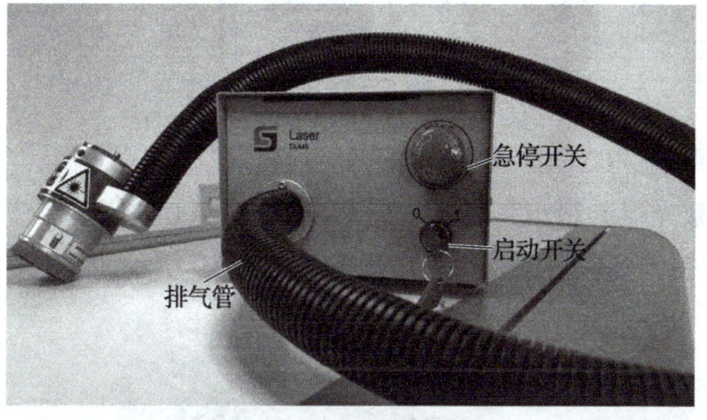

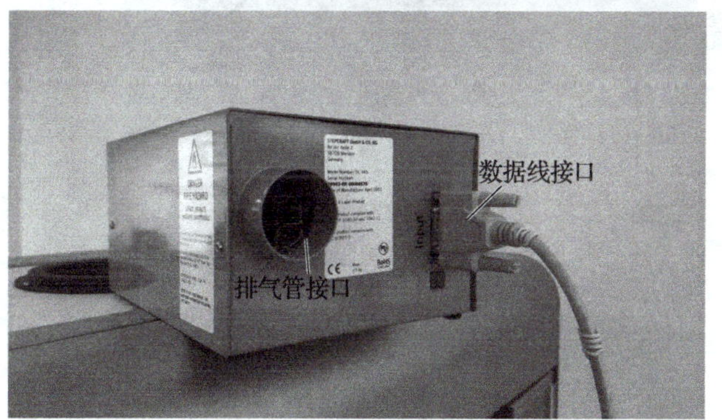

4）参数设置完成后将 G 代码传送至 UCCNC 软件，如图 4–18 所示。

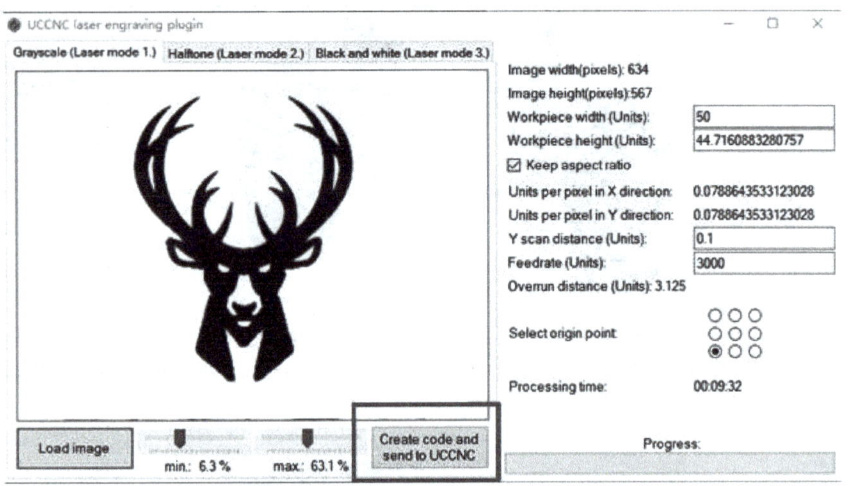

图 4–18　将 G 代码传送至 UCCNC 软件

5）单击“CYCLE START”开始运行。

6）激光雕刻制作完成，将钥匙从 1 旋转至 0 关闭控制盒，单击“HOME ALL”按钮回到机器原点，杯垫图案如图 4–19 所示。

图 4–19　杯垫图案

<table>
<tr><th colspan="2">UCCNC 软件</th></tr>
<tr><td>功用</td><td>CNCdrive 旗下的机器控制软件，能识别并控制外部硬件产生的信号，最多能控制 6 个机器轴并将它们协调运动；其外部控制硬件是一个运动控制器设备，功能不同，外部控制硬件也不同，内置基本 CAM 模块，可导入 DXF 文件。</td></tr>
<tr><td>软件界面</td><td>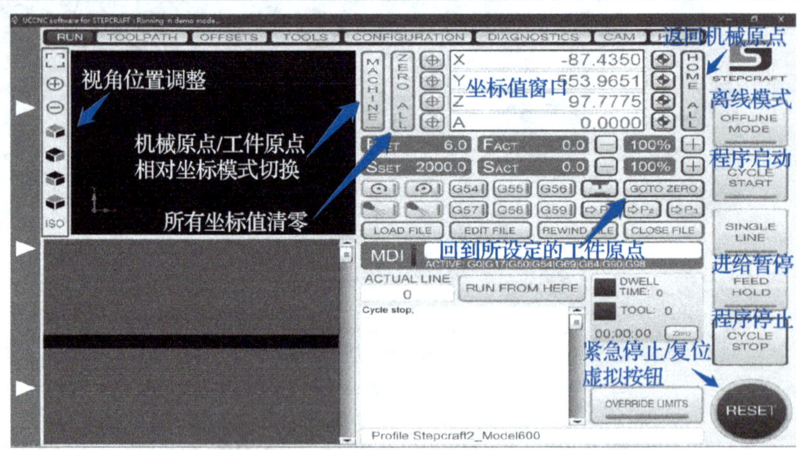

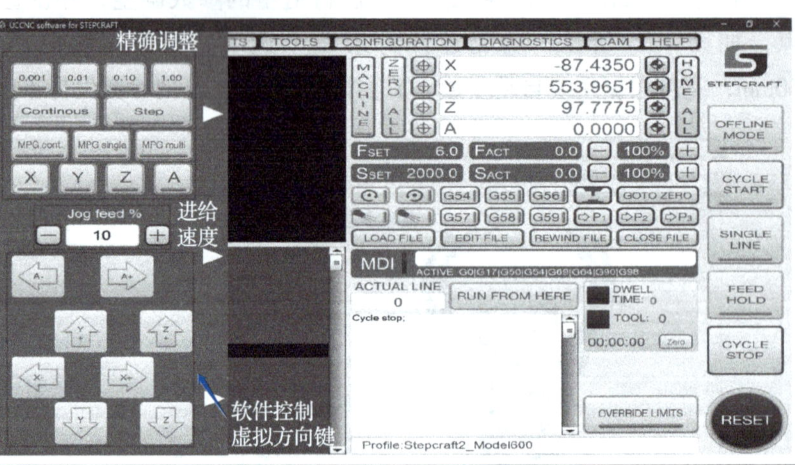
</td></tr>
</table>

UCCNC 数控软件操作界面

任务二　铣削木质杯垫

职业活动

步骤一：创建杯垫实体模型

1）打开 Autodesk Fusion 360 设计软件，如图 4–20 所示。

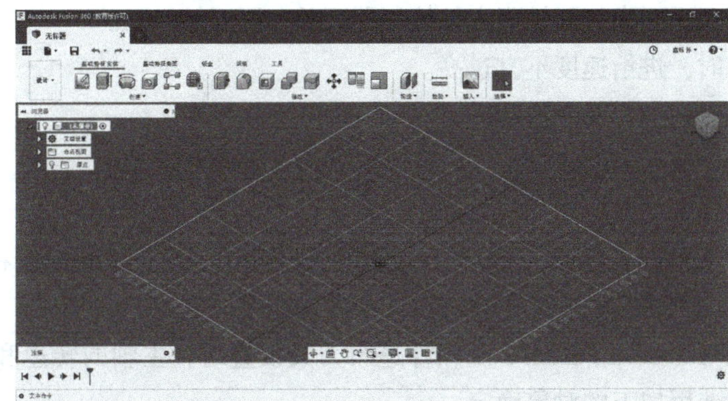

图 4–20　打开 Autodesk Fusion 360

2）在 XY 平面创建草图，如图 4–21 所示。

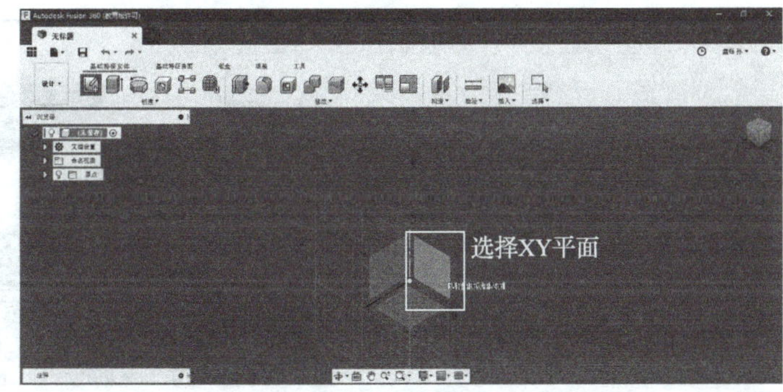

图 4–21　在 XY 平面创建草图

3）在草图中，选择“圆”命令，输入尺寸 90mm，如图 4–22 所示。

4）绘画完成后，选择“终止平面”命令，终止草图绘制，如图 4–23 所示。

5）选中草图，使用“拉伸”命令对草图进行拉伸，如图 4–24 所示。

6）设置拉伸高度为 4mm，如图 4–25 所示。

职业知识

铣削操作注意事项

进行铣削操作时，需要穿着工服和安全鞋，戴口罩和护目镜。

操作前需检查是否在安全环境中作业，不要在潮湿的地方使用设备。

保障设备平放在桌面上，底部水平。

操作平台整洁，不应有除加工素材与固定件外的其他物品。

设备未经润滑，不许启动。

检查设备线路是否松断，设备外部是否完好。

确保 RESET 急停按钮松开。

确保设备电源正常，数据线连接计算机。

检查 XYZ 三轴限位情况。

设备工作时，操作人员不得离开，如若需要离开必须切断电源，或直到设备完全停止再离开。

在检修设备的时候，必须切断电源。

在设备工作过程中，操作人员必须随时观察机器工作情况，人员须远离运行中的主轴与铣刀。

装夹、测量工件，必须是在功能系统停止的情况下进行。

松紧工件时需双手同时操作，不能单手随意操作。

加工过程中出现问题时，要及时按下急停按钮，以确保人员和设备的安全。

工具用完需放在安全位置，不要随手乱放在工作台面上，保持工作台的清洁，杂乱的工作台很可能引发事故。

加工时非操作人员不得靠近加工区域。

未经培训的人员不得直接操作设备。

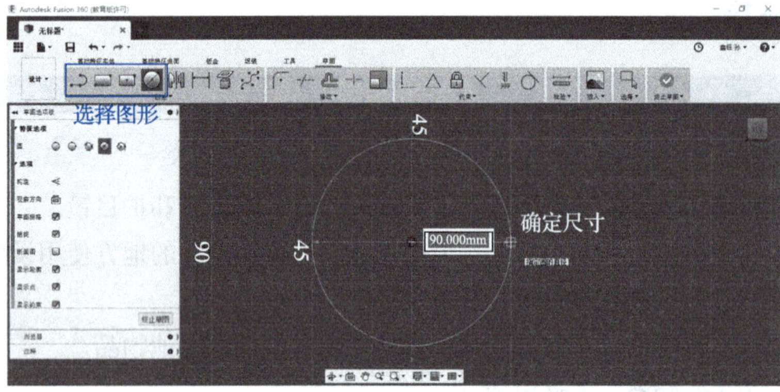

图 4-22　绘制 90mm 的圆

图 4-23　终止草图绘制

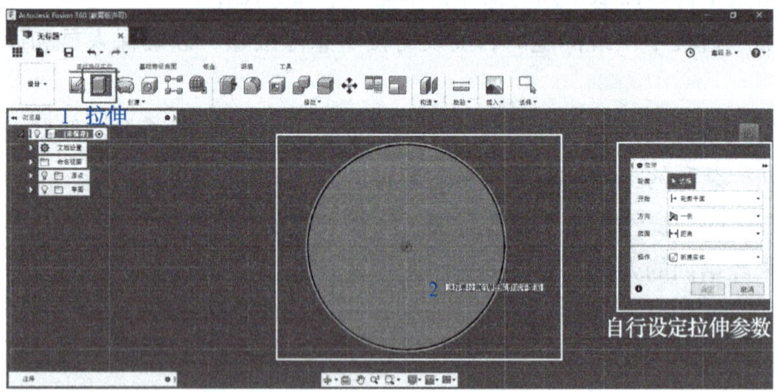

图 4-24　拉伸草图

铣削操作注意事项（续）

铣削主轴要安装紧好，铣刀要装好，注意不要被铣刀划伤，加工材料要夹紧。

安装铣削主轴时应先检查夹具内是否有异物，如有异物要及时清理。

铣削主轴必须安装牢固，必须遵循“装平、装正”的原则。

注意一定要先打开铣削主轴控制器开关，再开始加工。

加工时，进给速度不宜过高。

加工过程中要及时清理残屑。

加工结束后及时清理工作时产生的残屑，保持环境整洁。

铣削加工完成后回到机器原点。

使用 Autodesk Fusion 360 软件绘制草图建模时，草图应该绘制在 XY 平面内，保证创建模型的坐标系与机床加工坐标系一致。

使用 Autodesk Fusion 360 软件进行刀具设置时，主轴的转速和进给速度要根据选用加工的对象确定。

软件参数应根据材料材质的不同自行调整。

Autodesk Fusion 360 软件

功用	绘制草图，创建模型。 生成路径，导出 NC 程序。 
优点	可在同一个软件内完成草图绘制、创建模型及生成 NC 程序。 NC 程序不需要转化可直接导入司代普的 UCCNC 软件中进行后期加工。

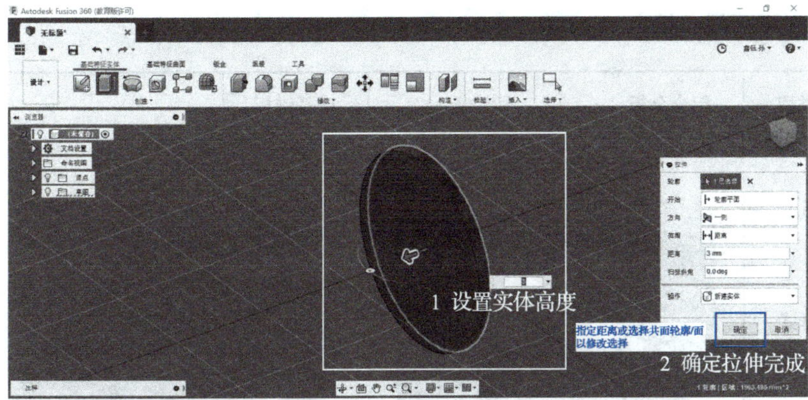

图 4-25 设置拉伸高度

步骤二：生成 NC 程序

1）切换工作界面，进入 CAM 工作空间，如图 4-26 所示。

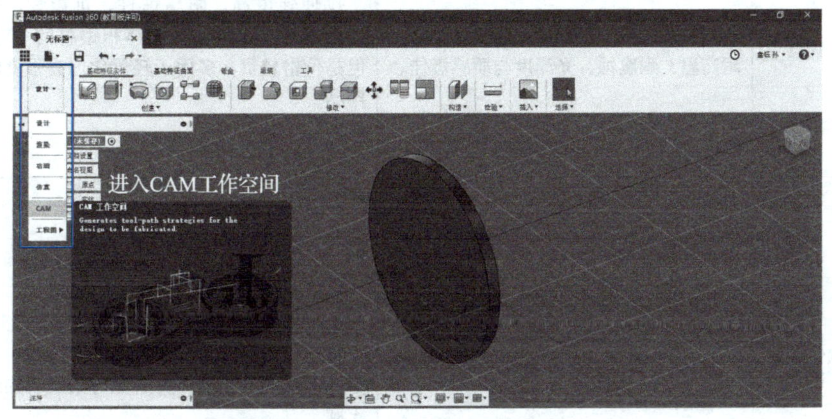

图 4-26 进入 CAM 工作空间

2）建立加工毛坯，如图 4-27 所示。

3）选择毛坯边界盒点，如图 4-28 所示。

4）修改毛坯尺寸，比实际毛坯尺寸略大一些，如图 4-29 所示。

铣削用板材

类型	木板	亚克力板
样式		
优点	材质硬度适中，加工简单，价格便宜，材质的适用性较高，手感细腻光滑，重量较轻，是制作模型项目使用最多的材料之一。	材质硬度较强，质地较脆，色彩丰富，加工较简便，光泽度很高，防水性好，并且有一定的受力能力，常用于制作模型的整体框架或装饰品。
软件参数设置	铣削深度：每次下刀 0.5~2mm。 进给速度：700~1200mm/min。 水槽：不需要使用水槽。 主轴转速：10000~20000r/min。	铣削深度：每次下刀 0.2~0.5mm 。 进给速度：600~1200mm/min。 水槽：不需要使用水槽。 主轴转速：15000~20000r/min。
使用铣刀	螺旋铣刀 双刃木工铣刀	单刃亚克力铣刀

司代普数控铣削用板材

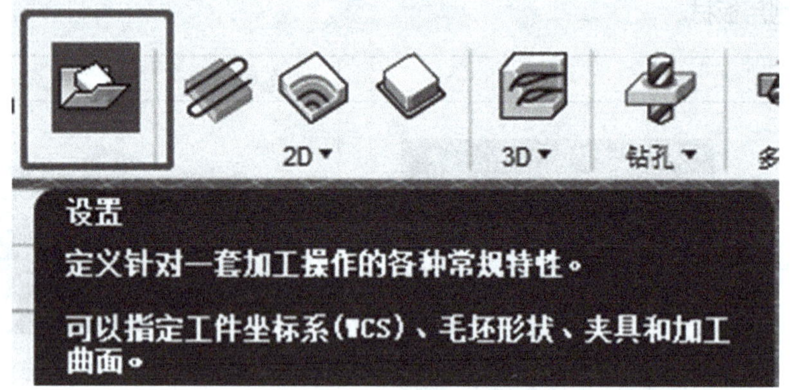

图 4-27　建立加工毛坯

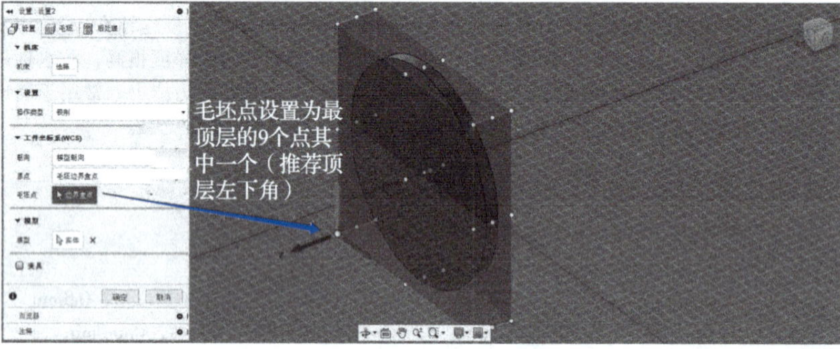

图 4-28　选择毛坯边界盒点

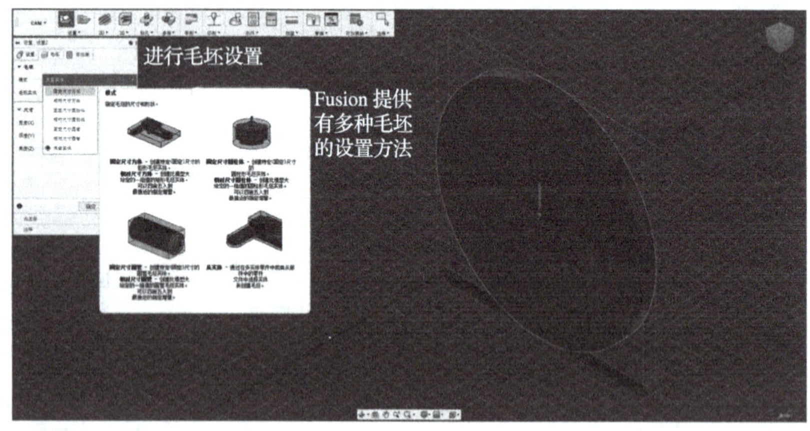

图 4-29　修改毛坯尺寸

铣削用板材（续）

类型	铝合金板	碳纤维板
样式		
优点	材料硬度高，其硬度远超软性钢材，耐高温、耐腐蚀，光泽度与质感极佳。	拉伸强度高，耐腐蚀性、抗震性、抗冲击性强，重量仅为同体积钢材的 1/5，但是价格较贵，多用于轻量化但高强度的产品。
软件参数设置	铣削深度：每次下刀 0.1mm。 进给速度：100mm/min。 水槽：因加工时产生高热量需要使用水槽。 主轴转速：20000~29000r/min。	铣削深度：每次下刀 0.1~0.3mm。 进给速度：500~700mm/min。 水槽：需要使用，因为在加工过程中会产生大量的碳粉尘，为避免污染所以加装水槽。 主轴转速：20000~29000r/min。
使用铣刀	玉米铣刀 双刃铣刀	螺旋铣刀 玉米铣刀

5）选择“2D 轮廓”加工方式，如图 4–30 所示。

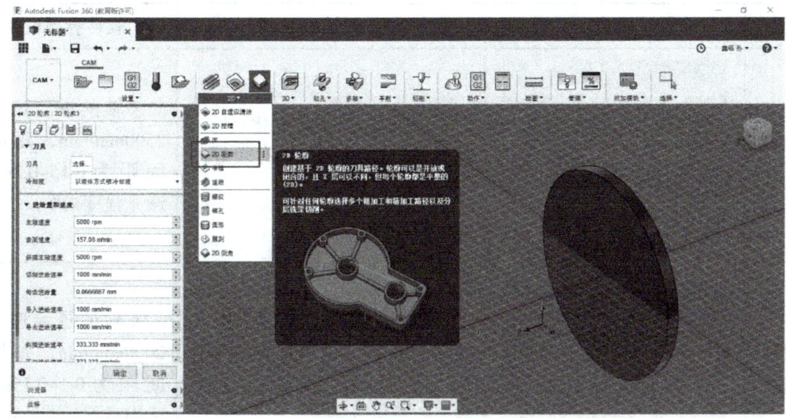

图 4–30　选择“2D 轮廓”加工方式

6）按顺序依次进行刀具的设置，如图 4–31、图 4–32、图 4–33 所示。根据加工板材的材质，在图 4–34 中设定主轴转速为 20000r/min，进给速率为 800mm/min。

图 4–31　添加铣刀

铣削用板材（续）

类型	黄铜板	玻璃纤维板
样式		
优点	具有较强的耐磨性，强度高，硬度大，可以进行拉伸，具有良好的力学性能，打磨抛光后质感与光泽度极佳，可作为导电材料使用。	具有较强的耐磨性，强度高，硬度大，可以进行拉伸，具有良好的力学性能。
软件参数设置	铣削深度：每次下刀 0.1mm。 进给速度：50~100mm/min。 水槽：需要使用水槽，在加工过程中摩擦会产生极高的热量。 主轴转速：20000~29000r/min。	铣削深度：每次下刀 0.5~1mm。 进给速度：100~500mm/min。 水槽：需要使用水槽，在加工过程中摩擦会产生极高的热量，还会产生玻璃粉尘。 主轴转速：20000~29000r/min。
使用铣刀	螺旋铣刀 玉米铣刀	螺旋铣刀 玉米铣刀

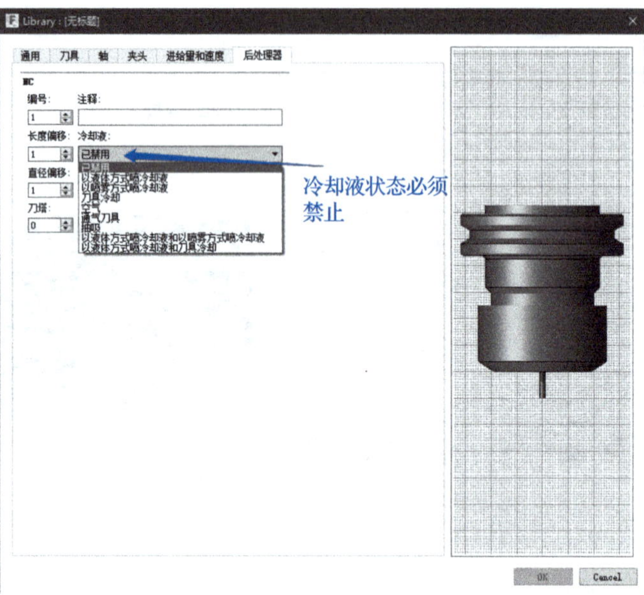

图 4-32　禁用冷却液

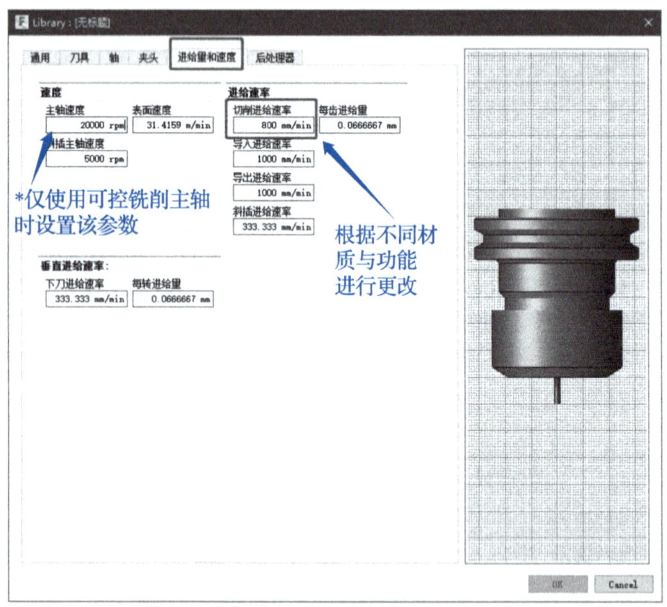

图 4-33　设置速度与进给速率

激光雕刻用板材

类型	样式	优缺点	软件参数设置
纸张		密度较低，相对的碳化点低，部分设计采用纸张会有较好的年代感。	X 轴的进给速度约 2500mm/min，每层行间距为 0.15~0.2mm，激光强度减弱。
三层黏合板		木制纹理细腻，硬度较低，相对容易加工，但是因为黏合板中含有胶质，当胶质渗出时会影响成像效果。	X 轴的进给速度约 2000mm/min，每层行间距为 0.1~0.15mm，适当减弱激光的强度。
实木板		木制纹理细腻，成像的效果好，但是相对硬度较高，对激光的耐受力强，实木的种类很多，硬度也软硬不一，所以对相应的材料首先应该加以测试。	X 轴的进给速度约 2000mm/min，每层行间距约 0.1mm，激光强度应该较强。
亚克力板		硬度较高，熔点较高，但是呈现的效果更加清晰细腻，并且亚克力有大量的颜色可供使用，但是在选用的时候，应该用不透明、反光性较弱的材料。	X 轴进给速度为 1500~2500mm/min，每层行间距约 0.1mm，适当增强激光的强度。

司代普激光雕刻材料

7）选择加工轮廓，如图 4–34 所示。

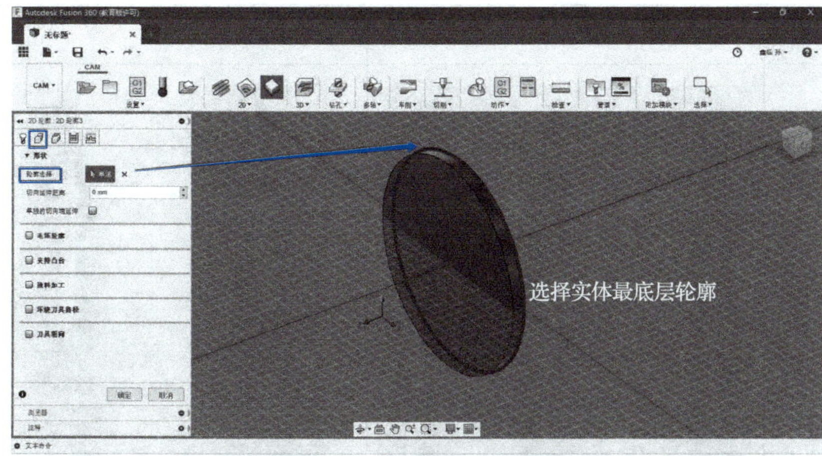

图 4–34　选择加工轮廓

8）设置分层铣深，每次下刀 1mm，如图 4–35 所示。

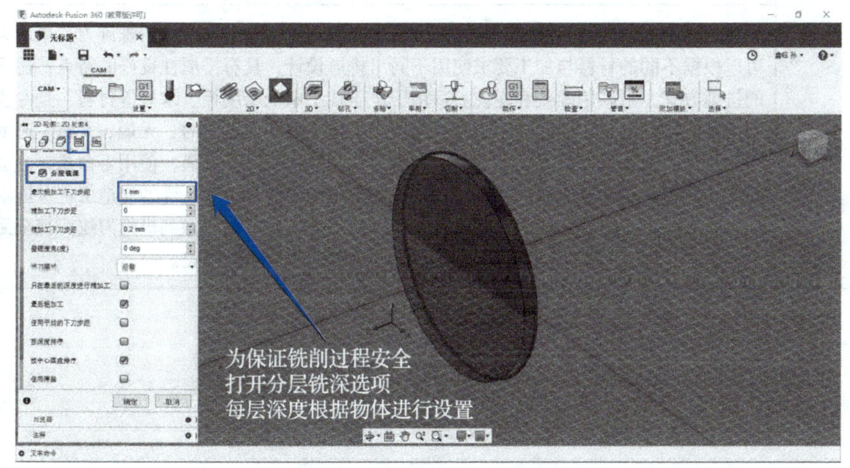

图 4–35　设置分层铣深

9）选择后处理，生成 G 代码，如图 4–36 所示。

10）后处理中的详细设置，如图 4–37 所示。

铣刀

类型	单刃亚克力铣刀	玉米金属铣刀
样式		
规格	1mm、1.5mm、2mm	1mm、2mm
特点	亚克力专用的铣刀，具有非常好的排屑效果，并且表面处理平整，不易粘刀，有 1mm、1.5mm、2mm 等刀具直径，可以根据模型尺寸选择，刀刃的长度有 3~20mm，可以根据板材的厚度具体选择，刀柄部分的直径是 3.175mm，但是在加工时应注意刀具左右旋转的方向、主轴旋转的方向，避免刀具旋转方向的错误造成不必要的损失。	玉米金属铣刀又叫鳞状铣刀，表面呈密集螺旋网纹状，排屑槽比较浅，一般用于功能材料的加工，如碳纤维、玻璃纤维等复合高硬度材料。切削刃由许多切削单元组成，切削刃锋利，从而极大地降低了切削阻力，而且可以实现高速切削，达到了以铣代磨的效果，提高了加工效率和表面质量，延长了铣刀的使用寿命。

司代普数控铣削加工——铣刀的选用

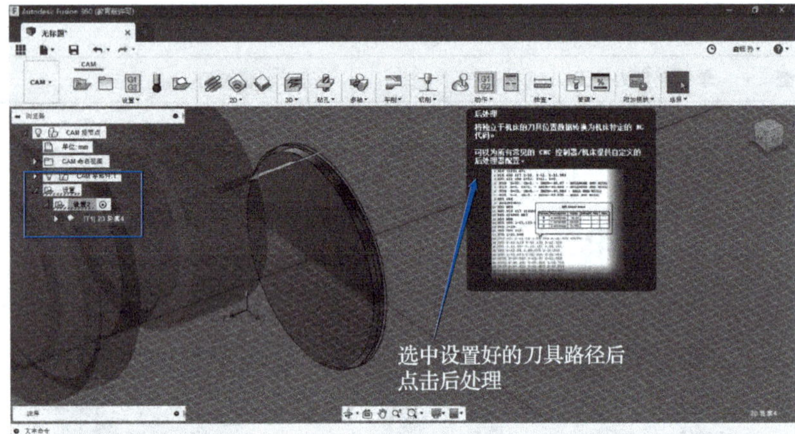

图 4-36 选择后处理

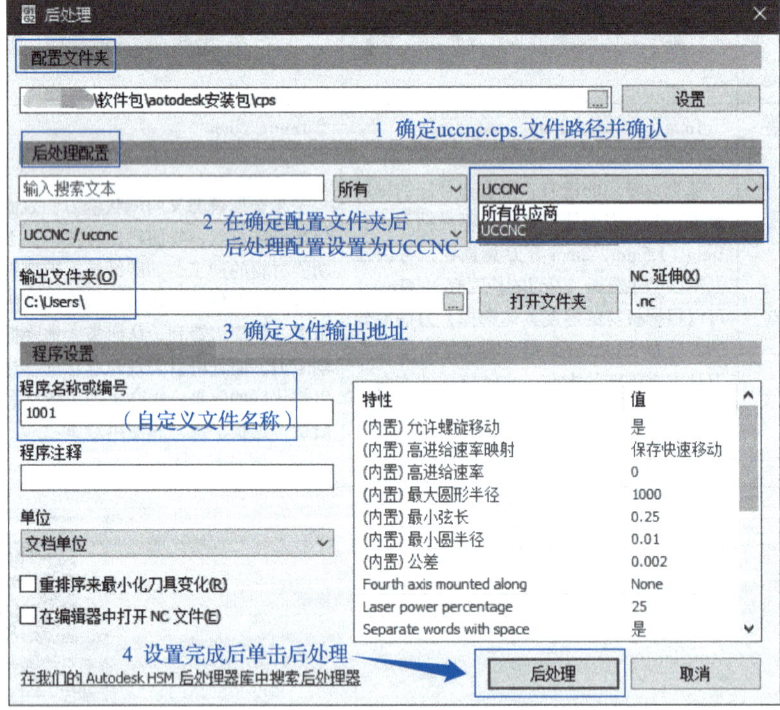

图 4-37 后处理详细设置

铣刀（续）

类型	螺旋铣刀	双刃木工铣刀
样式		
规格	1mm、2mm	1mm、2mm
特点	生产效率高,并且允许较高的进给速度，可以根据不同的材料与加工要求使用不同的铣削方式，可采用顺铣和逆铣。适用于精度高的精细加工，但是加工的材料硬度不宜过高，否则可能会发生崩刃、刀齿磨损不均、刀具抖动等故障。	双刃木工铣刀又称双刃螺旋刀，采用大排屑设计，具有排屑性良好的特点，适用于加工中低密度板、木板等材料，是专业的木工刀具。加工时，无烟、无味、速度快、效率高、不粘屑，使用寿命长，可加工中高密度板，其特殊的制造工艺保证木材不爆边口，可以做到极细刀纹，甚至无刀纹，表面光洁平整。

步骤三：安装数控加工系统

1）用信号线将铣削系统与主机连接并固定，如图 4–38 所示。

司代普数控铣削设备连接

图 4–38　连接铣削系统与主机

2）将 1mm 螺旋铣刀安装在主轴夹头上，如图 4–39 所示。

图 4–39　安装 1mm 螺旋铣刀

3）将需要加工的 4mm 厚木板平铺并夹紧在工作区域，如图 4–40 所示。

图 4–40　夹紧 4mm 厚木板

铣刀（续）

类型	双刃金属铣刀	60° 倒角刀
样式		
规格	1mm、2mm	1mm、2mm
特点	双刃金属铣刀又叫螺纹金属铣刀，在铣削加工金属板材的时候，可以较好地保证成品的加工精度，而且螺纹铣刀的吃刀更加均匀，从而可以进行大深度加工（单次下刀不超过 0.5mm），所以在粗加工时，可以保持很高的作业效率，并且加工时的噪声较小，刀具的磨损相比其他铣刀较小。	60° 倒角刀自定中心好，加工时平稳，无振动，用于后期的抛光处理，无痕去毛刺和锪孔。特点是倒角范围大，适合轻金属材质与塑料的倒角面加工，在薄型板材（如镀层板材、铝材、铁板、塑料板、木板）上可同时进行钻孔和锪孔，并且加工时稳定，没有振动。

步骤四：加工制作杯垫

1）先按“HOME ALL”按钮将 XYZ 三轴返回机器原点，再手动调整机器 XYZ 三轴的坐标位置，使机器到达预计加工的位置，将 Z 轴下降到距离板材 10cm 左右的高度，并将 XYZ 三轴工件坐标系值用“ZERO ALL”命令清零，如图 4-41 所示。

司代普数控铣削软件操作

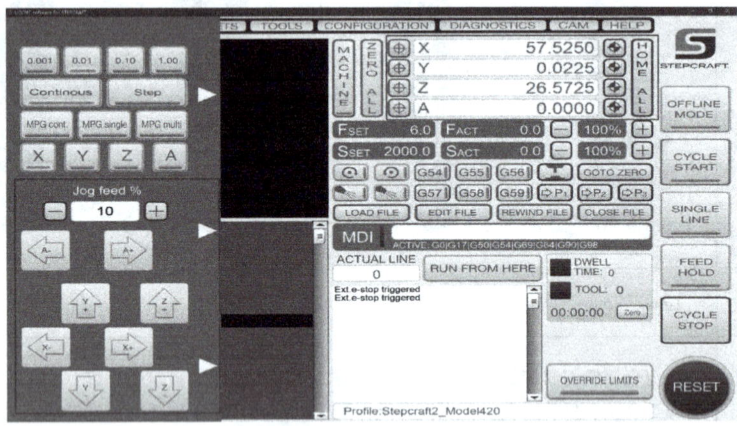

图 4-41　调整机器 XYZ 三轴的坐标位置

2）将生成的 NC 程序文件导入 UCCNC 软件，如图 4-42 所示。

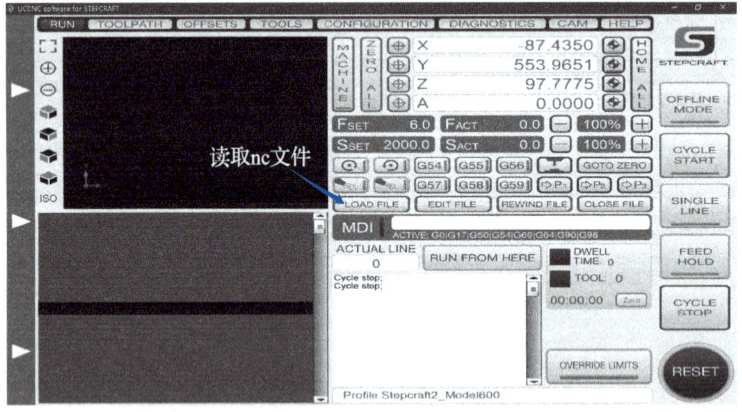

图 4-42　NC 程序文件导入 UCCNC 软件

司代普铣削加工系统

司代普数控铣削加工系统

结构

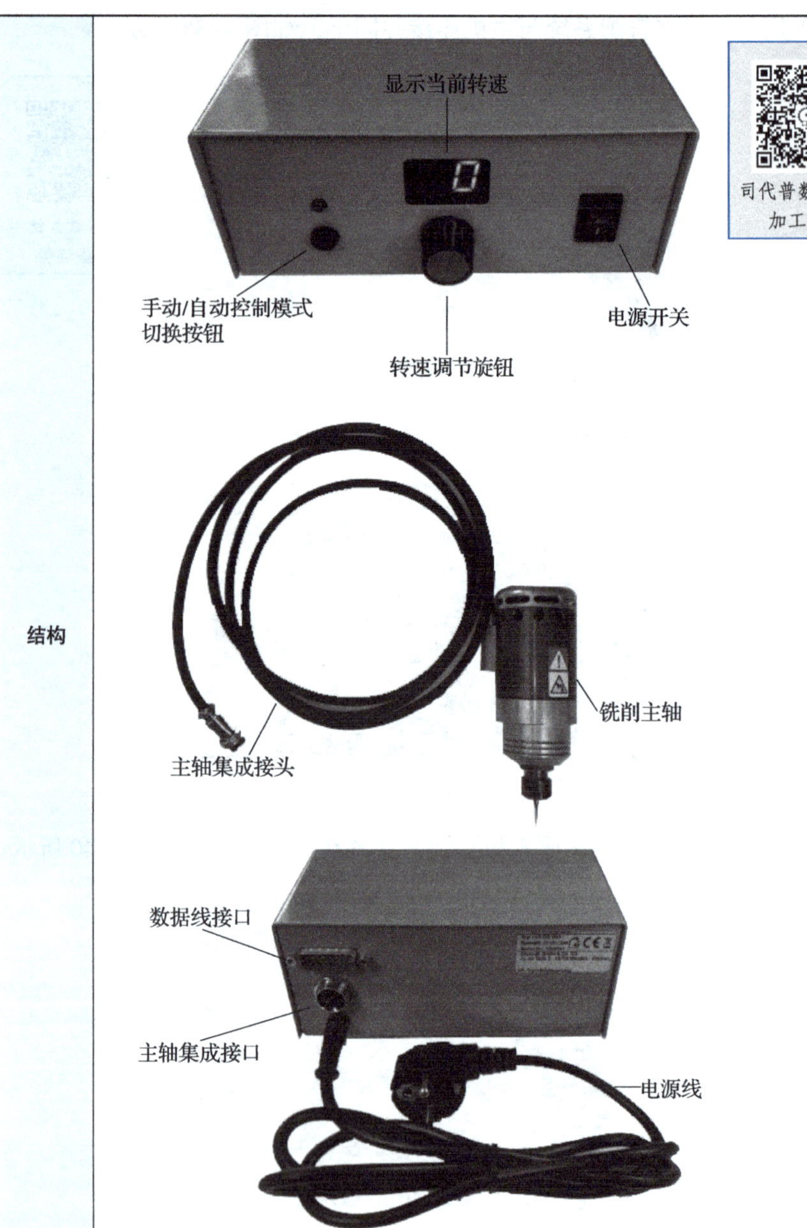

3）先将工具长度传感器平放在木板上，平移工具长度传感器至铣刀正下方，单击“检测”按钮进行定位，触发工具长度传感器信号，确定加工原点后即可进行数控加工，如图 4–43 所示。

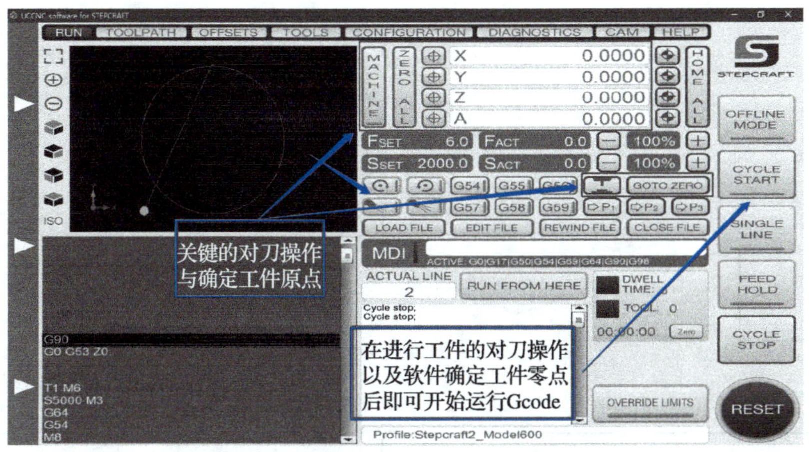

图 4–43　进行对刀操作并确定工件零点

4）数控加工制作完成，单击“HOME ALL”按钮，回到机器原点，如图 4–44 所示。成品如图 4–45 所示。

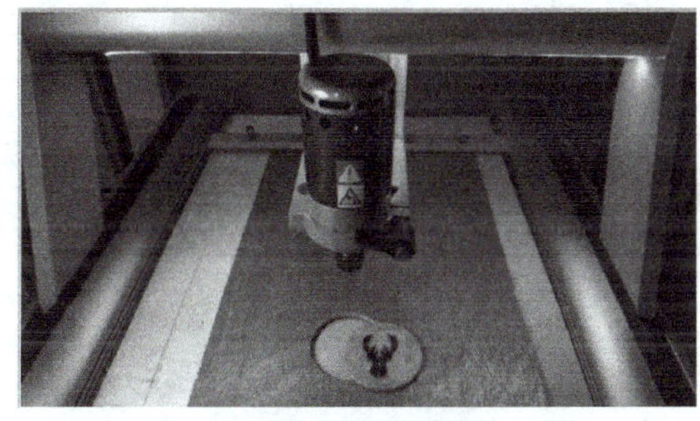

图 4–44　回到机器原点

图 4–45　成品

司代普铣削加工系统（续）

机床坐标原点	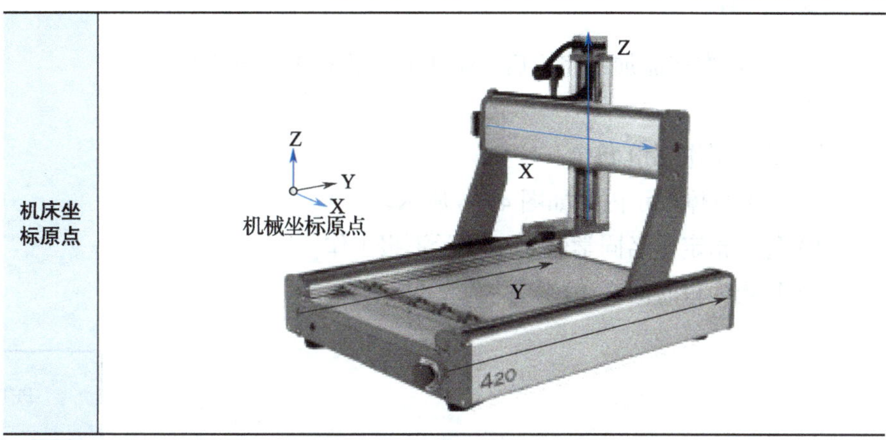

UCCNC 软件原点

类型	软件中位置	定义
机械原点	返回机械原点 坐标值窗口 X -87.4350 Y 553.9651 Z 97.7775 A 0.0000 HOME ALL 离线模式 OFFLINE MODE	机械原点指机床坐标系的原点，是机床上的一个固定点并且是唯一的，它是机床调试时的基准点。
工件原点		工件原点指加工程序的零点位置，同时也是工件的对刀点，需要操作者人为设置。

项目展示

请各小组在产品加工完成后，制作 PPT 进行展示与汇报工作。

具体要求：

1）每组制作一份 PPT。

2）PPT 具体展示内容如图 4-46 所示。

3）每组指定 1 名同学做 PPT 展示汇报工作。

4）每组汇报时间在 10 分钟内。

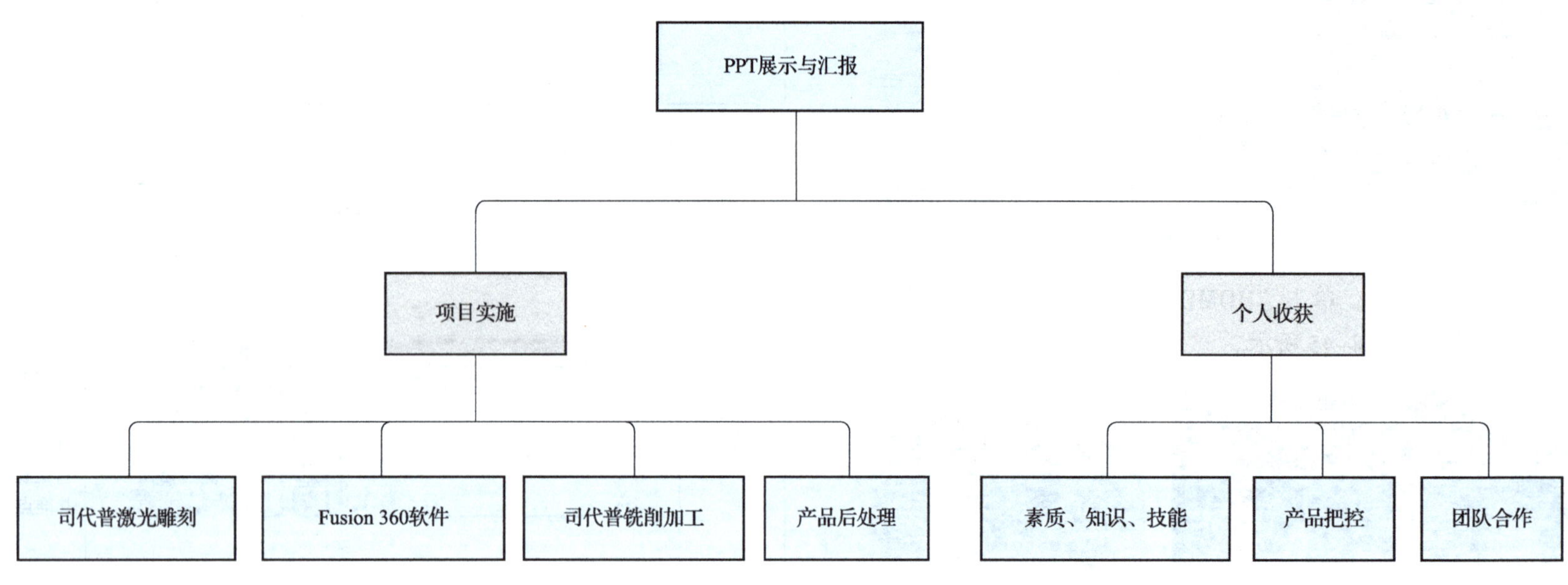

图 4-46　PPT 展示与汇报

创意与创新拓展

为了进一步完善木质杯垫的个性化加工制作，可使用司代普及其中的哪些模块完成什么样的加工制作？请用头脑风暴的方法，在图 4-47 的圆圈中进行相关表述。

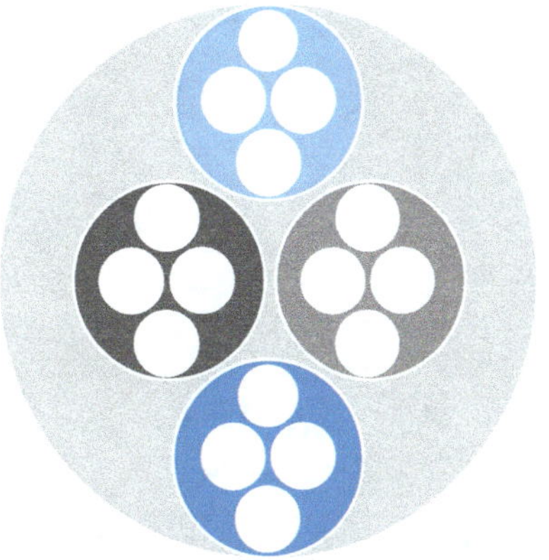

图 4-47　司代普模块的加工制作

创客项目一

创客项目二

创客项目三

创客项目四

创客项目五

创客实验室　制作创意书签

项目发布

1. 项目描述

为了区分书的内容和取阅方便，古人在卷轴的一端系上署有书名卷次的小牌子，这是最早的书签——挂签（见图 4-48）。书签最早起源于春秋战国时期。后来卷轴变成书籍，书签变薄了，于是原本插在卷轴内的挂签变成了夹在书内的书签。“书签”一词最早出现在唐代，当时的“书签”通常是用竹片做成（图 4-49），考究者也有用象牙来做。由此可见书签如一面镜子，窥千年文化，映百态人生。造型精美的书签也可为读书增添一些乐趣。

在毕业来临之际，学校希望给每一位即将离校的学子赠送一枚书签作为毕业礼物，既希望他们在毕业之后继续读书学习充实自己，也希望他们在工作中能想起上学时期的美好回忆。

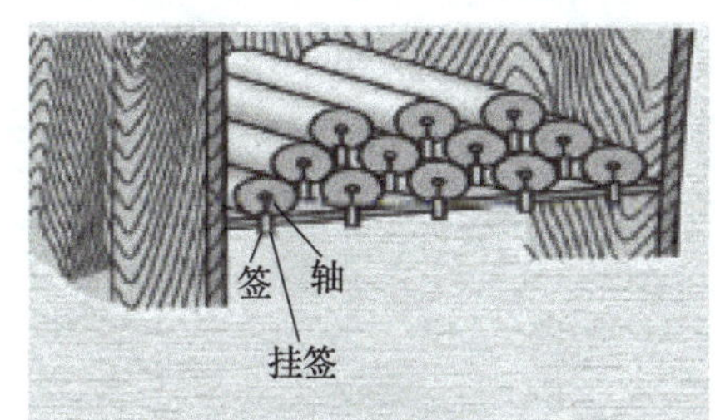

图 4-48　挂签

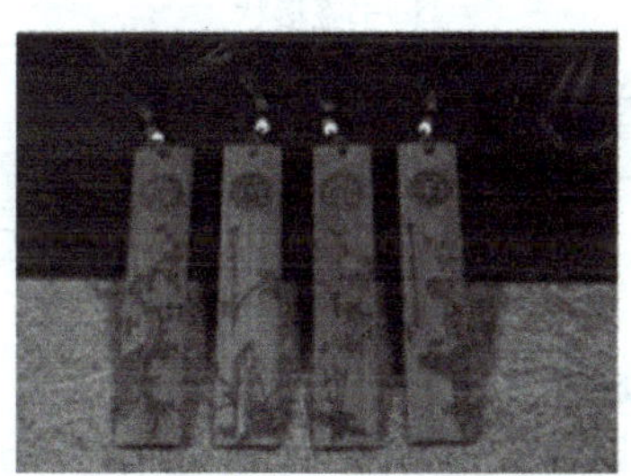

图 4-49　书签

2. 项目要求

1）书签加工要利用司代普智能微工厂激光雕刻及铣削加工完成。

2）书签要含有学校特色的元素。

3）书签要含有毕业生个性化特色的元素。

4）书签尺寸不宜过大，要在尺寸为 150mm × 50mm 的尺寸范围内。

5）书签整个加工制作过程要在 10 小时以内。

6）书签表面质量要光整、无毛刺。

7）操作加工过程中要遵守安全操作规程。

8）整个项目加工完成过程要符合 5S 管理规定。

项目实施

1. 资讯

对书签制作过程中涉及的每项内容进行相关信息查找并归类，填写图 4-50 中的方框（若给定方框不够，可以在空白位置增加方框写出）。

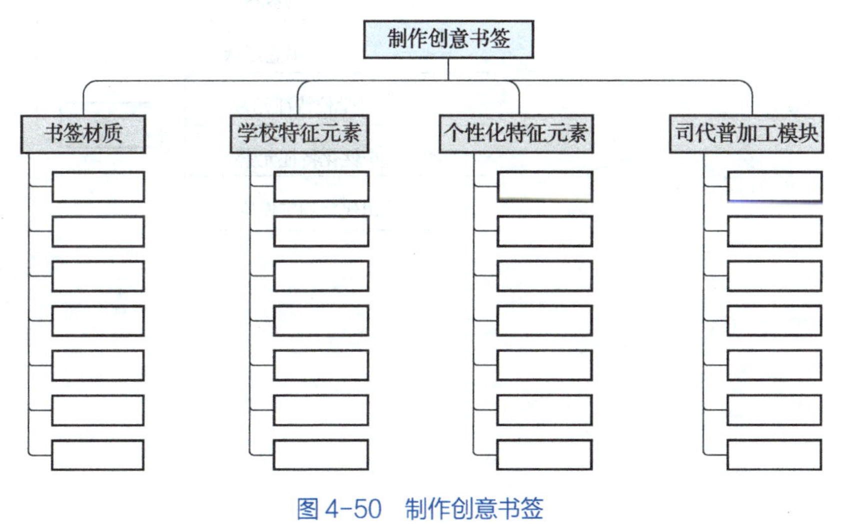

图 4-50　制作创意书签

2. 计划

1）请各小组按照资讯中查找的信息完成书签制作方案的设计并填写图 4-51（方案中若有其他添加项可在空白位置写出）。

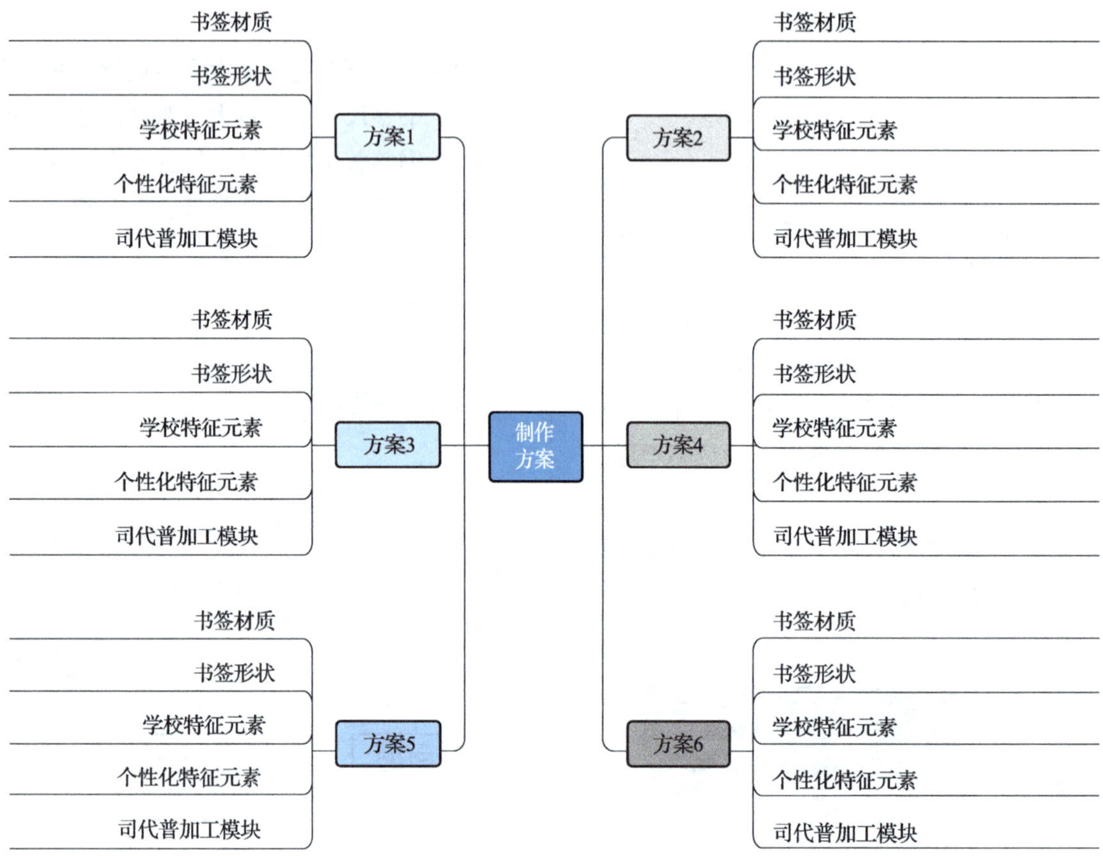

图 4-51　书签制作方案

2）请各小组结合现有资源完成每一个方案优势与劣势的比较并完成表 4–6 的填写工作，优势与劣势只填写出关键词，根据比较结果确定最终方案。

表 4–6　书签制作方案比较表

制作方案	方案 1	方案 2	方案 3	方案 4	方案 5	方案 6
优势						
劣势						
最终方案						

3）项目的最终方案确定后，根据最终方案在方框中徒手绘制创意书签。

3. 决策

请各小组按照完成整个项目工作任务的顺序，在表 4–7 中利用甘特图的方法制订出整个项目的实施计划，并确定各项工作任务的负责人。

表 4–7　项目实施计划

项目分解	时间 /h										项目负责人
	1	2	3	4	5	6	7	8	9	10	

4. 实施

1）表 4–7 把整个项目进行了分解，分解成一级项目，但这并不能指导整个项目的实施，因此要对每一个一级项目进行具体的分解，分解为若干的工作环节。请各小组进行实施方案的讨论，根据讨论结果在下面的方框绘制出详细的项目实施流程。

2）填写表 4–8，准备完成项目所需的工具、软件、设备等。

表 4–8　项目准备

序号	种类	名称	型号	数量	准备情况	替换工具
1	工具				□完成　□未完成	
					□完成　□未完成	
2	软件				□完成　□未完成	
					□完成　□未完成	
3	设备				□完成　□未完成	
					□完成　□未完成	
					□完成　□未完成	
					□完成　□未完成	
4	量具				□完成　□未完成	
5	材料				□完成　□未完成	
6	刀具				□完成　□未完成	
7	其他				□完成　□未完成	

3）根据绘制出来的流程图，在图 4–52 中填写整个项目的关键节点（若给定填写项不够，可以在空白位置处写出）。

图 4-52　关键节点

5. 检查

1）为了保证加工过程的安全与产品质量，在项目实施过程中填写表 4–9，开展项目检查。

表 4-9　项目检查

序号	检查项目	序号	检查项目	序号	检查项目

2）请各小组同学对实施过程中存在的问题及补充学习的知识点进行记录，填写图 4–53。

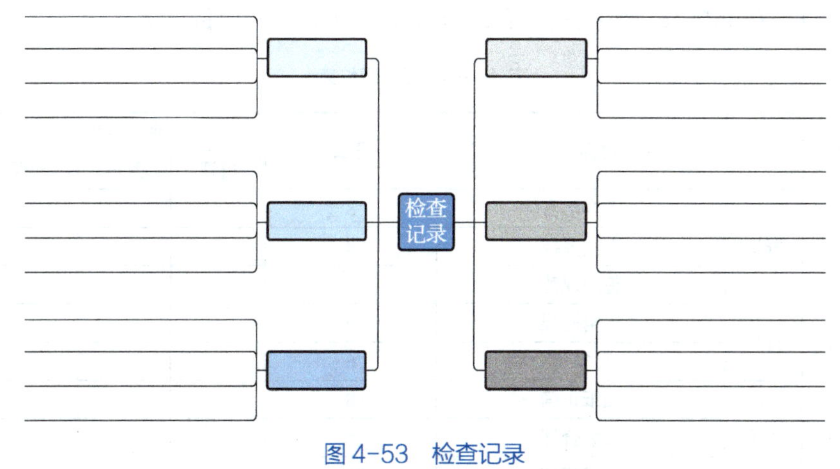

图 4-53　检查记录

6. 展示

产品加工完成后，请各小组对所完成的项目进行总结，按照要求完成 PPT 的制作。具体要求：PPT 涵盖图 4–54 的内容；每小组选择 1 人进行汇报，汇报时间在 10 分钟以内，汇报人语言表述清晰，举止大方。

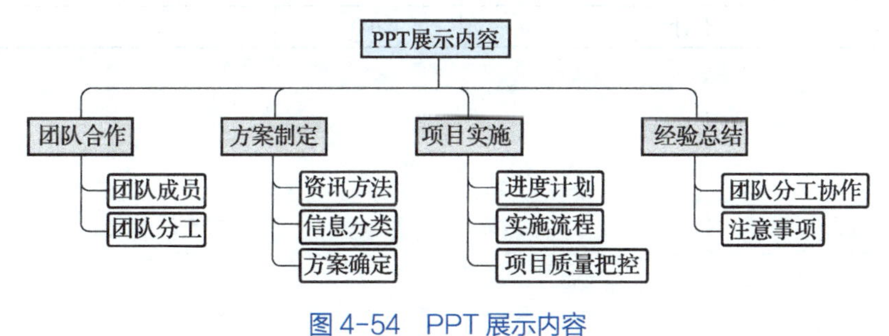

图 4-54　PPT 展示内容

项目评价

1）在 PPT 展示汇报完成后，填写表 4–10，进行项目评价。

表 4–10　项目评价表

<table>
<tr><th rowspan="2">序号</th><th rowspan="2" colspan="2">评价内容</th><th rowspan="2">分值</th><th colspan="3">评价结果</th></tr>
<tr><th>自评</th><th>互评</th><th>师评</th></tr>
<tr><td rowspan="3">1</td><td rowspan="3">资讯</td><td>内容丰富</td><td>8</td><td></td><td></td><td></td></tr>
<tr><td>方法多样</td><td>8</td><td></td><td></td><td></td></tr>
<tr><td>整理规范</td><td>6</td><td></td><td></td><td></td></tr>
<tr><td rowspan="2">2</td><td rowspan="2">计划</td><td>逻辑性强</td><td>6</td><td></td><td></td><td></td></tr>
<tr><td>可实施</td><td>6</td><td></td><td></td><td></td></tr>
<tr><td rowspan="3">3</td><td rowspan="3">决策</td><td>图纸正确</td><td>8</td><td></td><td></td><td></td></tr>
<tr><td>参数合理</td><td>8</td><td></td><td></td><td></td></tr>
<tr><td>表述规范</td><td>6</td><td></td><td></td><td></td></tr>
<tr><td rowspan="4">4</td><td rowspan="4">实施与检查</td><td>程序正确</td><td>8</td><td></td><td></td><td></td></tr>
<tr><td>操作熟练</td><td>8</td><td></td><td></td><td></td></tr>
<tr><td>书签质量</td><td>6</td><td></td><td></td><td></td></tr>
<tr><td>书签装饰性</td><td>6</td><td></td><td></td><td></td></tr>
<tr><td rowspan="2">5</td><td rowspan="2">展示</td><td>制作精美</td><td>8</td><td></td><td></td><td></td></tr>
<tr><td>表述清楚</td><td>8</td><td></td><td></td><td></td></tr>
<tr><td colspan="3">合计</td><td>100</td><td colspan="3"></td></tr>
</table>

2）反思总结：你对自己制作的创意书签的各部分满意么？请在图 4–55 的椭圆形虚线框内填写很满意、满意、一般、不满意。把原因和改进措施写在空白处。

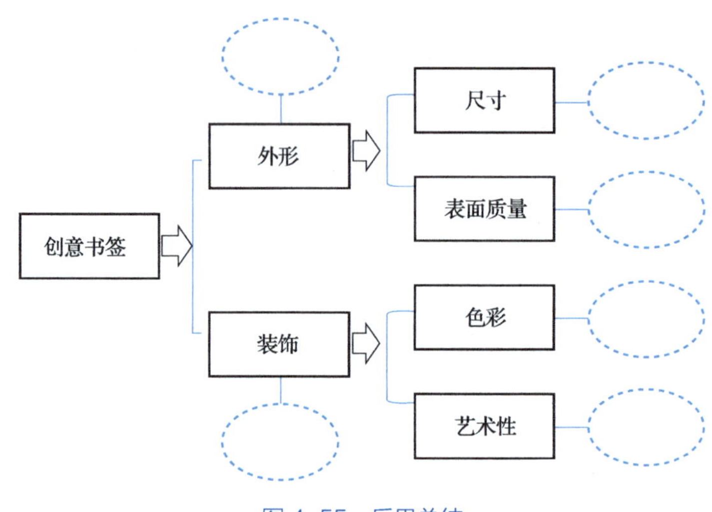

图 4–55　反思总结

创客项目五

探索机电控制

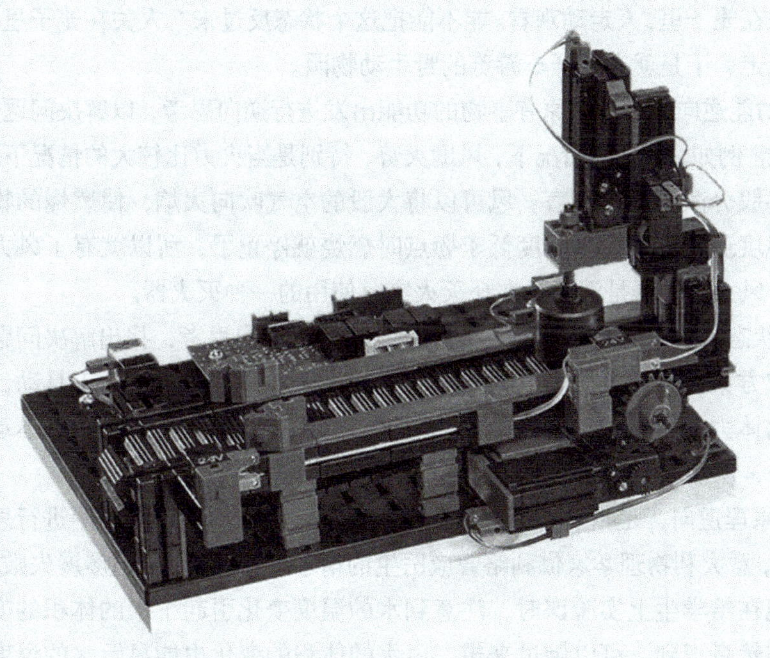

创客小讲堂

创客知识

突破思维定势，是提高创新能力的一种方式。突破思维定势的方式有很多，具体如下。

1. 逆向思维法

逆向思维法作为一种思维工具，与传统的或群体的思考方向完全相反。从广义上说，一切与原有思路相反的思考都是逆向思考。逆向思维法以背离常规、常理或常识的方式去寻找解决问题的新途径、新方法，以实现理论创新、技术创新、产品创新。逆向思维法常常带来不可思议的效果，从不可能处寻找可能。

2. 联想思维法

联想思维法是通过联想相关或不相关事物，产生新奇设想的一种思维方式，包括强迫联想法与自由联想法。

使用强迫联想法需先选择焦点对象，多方罗列与焦点对象无关的事物，然后强行将列举事物与焦点对象结合并建立联系，最后选择最佳方案。

强迫联想法与自由联想法相对，是对事物有限制的联想，这些限制包括同义、反义、部分和整体等规则。一般的创造活动鼓励自由联想，这样容易产生大量的创造性设想。但是，具体要解决某一个问题，有目的地去发展某种产品，可采用强迫联想法，让人们集中全部精力，在一定的控制范围内去进行联想、发明和创造。例如，书柜与壁挂强制联想，把书柜按照壁挂的悬挂形式，挂在墙上。

3. 类比思维法

类比思维法是指由两个对象的某些相同或相似的性质，推断它们在其他性质上也有可能相同或相似的一种思维形式。类比思维法分为两个阶段：第一阶段，把两个事物进行比较；第二阶段，在比较的基础上进行推理，即把其中与某个对象有关的知识或结论推移到另一对象中去。例如，我国地质学家李四光发现我国的东北松辽平原以及华北平原的地质结构与中亚细亚极为相似，都属于沉降带地质结构，中亚细亚蕴藏大量石油，他推断东北松辽平原以及华北平原也可能蕴藏大量石油，大庆油田、胜利油田的发现证明了李四光的类比推断完全正确。

4. 组合思维法

组合思维法是将整个产品或事物进行分解、重新组合，从而产生新的功能和最优结果的方法。生活中有很多组合创新的产品，如手机最开始只有通话功能，后来将短信功能与通话功能组合在一起。现在智能手机除了原始的通话功能之外，还组合了什么功能？ 20 世纪 50 年代以来，科技创新开始由单项突破走向多项组合，即依靠新的科学原理，基于组合思维法寻求创新，已成为当代创造活动的重要形式。统计表明，在现代技术开发中，组合型成果已占全部发明创造的 60%~70%。

5. 列举思维法

列举思维法是从逻辑上对特定对象进行分析并将其本质内容全部罗列出来，再对罗列出来的点提出改进的创新方法。列举思维法不但是创造性提问的方法，而且为创造性解决问题提供了方向和思路。列举思维法的要点是将研究对象的属性、缺点、优点等罗列出来，提出改进措施，形成创新。

创客世界

无思维，无创客。让我们深入创客世界，开启五种创新思维。

1. 开启逆向思维

常见的逆向思维有以下四种。

1）结构逆向，是指从已有事物的结构形式出发所进行的逆向思考，通过结构位置的颠倒、置换等，使该事物产生新的性能。例如，在动物园里，把动物关在笼子里，人走动观看。能不能把这个状态反过来？人关在笼子里，动物满地走，于是就有了开车游览的野生动物园。

2）功能逆向，是指从原有事物的功能出发进行逆向思考，以解决问题，获得创意。例如，在一般情况下，风助火势，特别是当火力比较大的情况下。但在对小股分散的火焰而言，风可以将大股的空气吹向火焰，使燃烧的物体表面温度迅速下降，当温度低于燃点时燃烧就停止了，所以就有了风力灭火器。风力灭火器是消防员在扑灭火灾时使用的一种灭火器。

3）状态逆向，是指从事物某一状态出发进行逆向思考，找出解决问题的办法或方案。例如，使用电锯和电刨来加工木料，木料不动而工具动，因此人的体力消耗很大。但和电锯、电刨正好相反，台式电锯是工具不动而木料动，从而大大提高了效率，降低了劳动强度。

4）原理逆向，是指从相反的方面或相反的途径对原理及其应用进行思考。例如，意大利物理学家伽利略曾应医生的请求设计温度计，但屡屡失败。有一次他在给学生上实验课时，注意到水的温度变化引起了水的体积的变化。他突然意识到，可以倒过来想，由水的体积的变化也能显示水的温度的变化。循着这思路，他设计出了当时的温度计。

2. 开启联想思维

1）概念联想。任何两个概念词语都可以经过四五个阶段，建立起联想的关系。例如，木头和皮球是不相关的概念，但可以通过联想，使它们建立联系：木头—树林—田野—足球场—皮球。又如，天空和茶的联想：天空—土地—水—喝—茶。因为每个词语可以同近 10 个词语直接发生联想关系，那么第一步就有 10 次联想的机会（即有 10 个词语可供选择），第二步就有 100 次机会，第三步就有 1000 次机会，第四步就有 10000 次机会，第五步就有 100000 次机会。

2）对比联想。由某一事物的感知和回忆引起跟它具有相反特点的事物的联想。例如，黑与白，大与小，水与火，黑暗与光明，温暖与寒冷等。

3）列表联想。事先将考虑到的所有事物或设想依次列举出来，然后任意选择两个加以组合，从中获得独创性的事物或设想焦点。

4）焦点联想。以一个事物为出发点（即焦点），联想其他事物并与之组合，形成创意。例如，玻璃纤维和塑料结合，可以制成耐高温、高强度的玻璃钢。很多复合材料都是利用这种方法制成的。

3. 开启类比思维

1）综摄法。从已知的事物出发，将毫无联系的、不同的知识要素结合起来，从不同的角度分析未知的事物，使潜在的创造力发挥出来，产生众多的创造性设想，从而使理想中的未知事物成为现实的过程。综摄法遵循两大原则，异质同化和同质异化。

①异质同化即在创造发明新事物的时候，可以借用现有的知识来进行分析研究，启发出新的设想。例如，在脱粒机发明前，谁也没有见过这种机械。要发明这样一种机械，就要通过当时现有的知识或熟悉的事物来进行创造。脱粒机实际上是一种使稻谷和稻草分离的机械。可以使稻谷和稻草分离的方法有很多，根据雨伞尖顶冲撞稻穗把稻谷从稻禾上脱落下来的创造性设想，发明出一种带尖刺的滚桶状的脱粒机。

②同质异化即对现有的各种发明，运用新的知识或从新的角度来加以观察、分析和处理，启迪出新的创造性设想。例如，热水瓶改小就成了保暖杯。将电子表装在笔中，就发明出电子计时笔。

2）原型启发法（垫脚石法）。它是通过寻找、观察原型，在原型的启发下，产生创新设想的方法。例如，鱼是创造船体的原型，飞鸟是飞机的原型，带齿小草是鲁班发明的锯的原型。

3）移植法。它是将某个领域的原理、技术、手段、方法、结构或功能引用并渗透到其他领域，用以创造新事物的方法。它不是先有原型，而是先有问题，然后带着问题去寻找原型。

4）仿生法。通过模拟生物的结构、功能或原理等进行发明创造的方法。人类利用仿生法做出的仿生发明极为繁多。例如，模仿蝙蝠的回声定位制造的雷达，仿照海洋生物减少阻力的流线型体制造的轮船、导弹、鱼雷等。

4. 开启组合思维

1）同类组合。组合两个或两个以上同一类型或相同事物，形成一个新的事物。

2）异类组合。

①元件组合是指将本来不是一体的两种或者两种以上的事物适当安排在一起。

②功能组合是指将具有不同功能的产品组合在一起，形成一个技术性能更优越或具有多功能的技术实体的方法。

③材料组合是指将不同特性的材料重新组合起来，获得新材料、新功能。

④方法组合是指在生产工艺和处理技术中，将两种以上独立的方法组合起来，创造出新功能或新事物的方法。

⑤技术原理与技术手段组合是指将已有的技术原理与技术手段结合，创造出新功能或新事物的方法。

⑥现象与现象组合是指将不同的物理现象组合起来，形成新的技术原

理，导致新的发明。

⑦重组组合是指将原有技术系统中各结构要素进行分解，再按新的目的重新安排，改变事物各组成之间的相互关系，以获得新的性能或功能的组合方法。

组合思维及举例见表 5-1。

表 5-1　组合思维及举例

组合思维		举例	组合思维		举例
同类组合		情侣衫，子母电话，双色圆珠笔，插排，双层文具盒	异类组合	方法组合	同时使用激光和超声波对水中细菌进行灭菌
异类组合	元件组合	收录机、电子表笔、音乐贺卡		技术原理与技术手段组合	洗衣装置 + 甩干装置 = 全自动漂洗甩干洗衣机
	功能组合	瑞士军刀、橡皮头铅笔、保温杯		现象与现象组合	搅拌灰浆时需要加入麻刀，加入麻刀时需要先抽打疏松后方能搅拌。为此，弹棉机构 + 风吹机构 + 搅拌机构一起形成具备麻刀疏松、自动吹入的新型灰浆搅拌机
	材料组合	混凝土、混纺毛线、塑钢门窗		重组组合	变形金刚

5. 开启列举思维

根据列举对象的不同，列举法可以分为属性列举法、缺点列举法、希望列举法等。

1）属性列举法（特性列举法）。首先分门别类地将事物与主题属性全面罗列出来，然后在所列举的各项中，尝试用可代替的属性加以置换，并找到独特性的方案，进行讨论和评价，最后找出具有可行性的最优创意或创新举措。以开水壶的改进为例，补充表 5-2，体会属性列举法。

表 5-2　开水壶的改进

		②提出问题	③思考举措
①特性分析	组成：壶嘴、壶柄、壶盖、壶身、壶底、排气孔 材料：铝、铁、铜、搪瓷、不锈钢 制造方法：冲压、轧制、焊接 体积：大型、中型、小型、特小型 形状：圆柱形、半球形 颜色：黄色、白色、灰色、银色、彩色 功能：装水、烧水、保温	壶嘴是否太长 壶柄是否改用塑料 壶盖是否能一次性冲压成形 壶身是焊接还是冲压 壶底是否加厚，使之经久耐烧 排气孔冒出的热气烫手，能否移到别处 什么造型符合大众审美 怎样减轻壶的重量 什么形状加热更快 怎样设计使倒水更轻便	
④创新方案	生产一种鸣笛壶。蒸汽口设在壶口，水烧开后会自动鸣笛。壶盖上没有气孔，蒸汽不经过手柄，提壶时就不会烫手。从装水功能，发展到自动出水功能，外观、颜色都加以了优化	⑤改进后的开水壶	（基于“③思考举措”与“④创新方案”，绘制改进后的开水壶）

2）缺点列举法是指通过发现现有事物的不方便、不美观、不实用、不省料、不轻巧、不便宜、不安全、不省力等各种缺点和不足，并把具体缺点一一列举出来，然后针对这些缺点有的放矢地加以改进。缺点列举法不仅适用于某项具体产品，解决“物”的硬技术问题，还可以用于解决企事业单位经营管理中“事”的软技术问题。

缺点列举法的实施主要有三步。

第一步：找缺点。尽量列举目标事物的缺点，可以事先广泛调研、征求意见。

第二步：找原因。将缺点加以归类整理，找出有改进价值的缺点，即突破口，并分析产生缺点的原因。

第三步：针对列出的缺点逐条分析，提出改进意见或创新方案。

列举显性缺点很容易，但列举隐性缺点，特别是不易被人察觉的缺点并不简单，这些缺点所在之处就是创新价值所在。寻找缺点要发扬“吹毛求疵”的精神，敢于质疑。

以列举普通雨伞的缺点为例，补充表 5-3，体会缺点列举法。

表 5-3 列举普通雨伞的缺点

序号	列举缺点	改进意见	序号	列举缺点	改进意见
1	伞尖容易刺伤人		9	雨夜打伞，车辆不易看到伞下行人	
2	雨伞太长，携带不方便		10	伞骨易断	
3	乘公交时，雨伞上的水会弄湿别人的衣服		11		
4	雨伞颜色单调		12		
5	伞骨、伞尖易生锈		13		
6	拿伞的人不易拿别的东西		14		
7	下雨时雨伞易遮挡视线		15		
8	两个人使用时不够大				

3）希望列举法是将现在不存在的事物或者还没有开发的功能，但希望出现这样的事物，或者希望事物具备这样的功能一一列举出来。特别注意的是，列举希望点时，先不要考虑技术上、工艺上的可行性，也不要太拘束于社会价值和经济价值。当把所有希望点列出以后，再综合考虑希望点的可行性和经济性。

希望列举法的实施主要有三种形式。

第一种：会议法。召开 5~10 人参加的希望点列举会，会议由主持人引导，首先说明希望变革的事物主题，发动与会者围绕主题列举需要改革、改进的希望点。主持人可以在黑板上公布每个与会者列举的希望点，激发更多的想法与改革的期望，会议一般不超过 2h，产生 50 ~ 100 个希望点即可结束。会后将希望点进行整理，从中选出目前可行的若干希望点进行研究，制定具体革新方案并开始实施。

第二种：书面收集法。按事先拟定的目标，设计一种卡片，发动用户和企业职工，请他们提供各种想法。

第三种：访问谈话法。直接走访用户或经销商，倾听各类希望性的建议与设想，汇总后进行分析研究，制定可行的方案加以改进。

案例：新型水泥

水泥的发明改变人类的建筑史。为了适应某些特殊工程和特殊环境的需要，人们对水泥的性能提出了很多期望，这些期望经过努力都实现了，我们统称这些水泥为新型水泥。

速凝水泥——这种水泥能在短时间凝固，在修复飞机跑道、堤坝及水下建筑物等工程的施工中大显身手。

粘接水泥——用来修补断裂的水泥构件，其牢固程度高于原先未损的部分，施工简便，被誉为“焊接水泥”。

弹性水泥——普通的水泥材料抗拉性能极差，倘若泥浆中添加一些细小的强化纤维，其弹力则增加 100 倍。这种弹性水泥，特别适用于抗弯曲和振动的地方。

可加热水泥——加入一些金属颗粒和纤维的水泥，经通电后，水泥就会变热。这种水泥适用于铺设寒冷地区的路面和机场跑道，可防止结霜和积雪。

思考：仔细体会案例中的希望点，对学习、生活中使用的物品提出至少 5 个希望点。

创新故事

我要制造中国人自己的飞机

1956 年，我国第一个飞机设计机构——沈阳飞机设计室成立。设计室接到的首项任务是设计一架亚音速喷气式中级教练机，选用平直机翼、两侧进气方案，定名“歼教 -1”，这是我国首个喷气式飞机。顾诵芬负责其中的气动布局设计。1958 年 7 月 26 日，我国第一架自行设计的喷气式飞机“歼教 -1”首飞成功。

1964 年，歼 -8 飞机的研制被提上议程。顾诵芬前期作为副总设计师负责飞机气动力设计，后期作为总设计师全面主持歼 -8 研制工作。他发现发动机喷流对飞机平尾效率有很大影响。当时，国内尚无喷流试验条件和试验方法，经过研究，顾诵芬创建了一个“妙招”——买了红毛线，剪成150mm的小段，贴在垂直尾翼跟后机身上。那么，这个方法好不好用？他提出要亲自上天观察。这对年近半百，又从未接受过飞行训练的顾诵芬来说风险极高。

经过三次上天近距离观测，顾诵芬承受着巨大的身体负荷，终于找到问题症结，通过后期的技术改进，成功解决了歼-8跨音速飞行时的抖振问题。歼-8系列飞机的研制，牵引构建了较为完善的航空工业体系，促进了冶金、化工、电子等工业的发展。

在国务院关于2020年度国家科学技术奖励的决定中，授予顾诵芬院士国家最高科学技术奖。他逐梦蓝天70载，实现了自己立下的铮铮誓言——“只有将天空权牢牢掌握在自己手中，才能不再任人欺凌”。

创客思维训练

活动一　逆向思维体验

问题一：王师傅将汽车发动起来，轮子动了，可是汽车没有前进一步，为什么？

要求：以小组为单位讨论原因，每组选出一个代表当众分享小组的思考。

问题二：一件高档呢料的裙子烫了一个小洞，如何不仅不降价而且还可以提高售价卖出去？

要求：以小组为单位讨论原因，每组选出一个代表当众分享小组的思考。

活动二　联想思维体验

一年夏天，天气炎热，冷饮销售大增，冷饮厂加大生产量。但半个月后，市场饱和，供过于求，一些冷饮厂资金周转失灵。其中一个冷饮厂的经理心急如焚，再这样坐等下去，公司会被拖垮。正在苦恼时，突然抬头一看，马戏团的海报被风吹得不停地抖动。“哎，有了！”他眼前一亮，火速赶到马戏团演出的地点，与马戏团负责人协商，眉飞色舞地边打手势边急急发话：“您好，请允许我为远道而来的你们做点事。每次演出时，在剧场入口处，我们公司希望赠给每位观众一份爆炒蚕豆。”马戏团负责人很高兴，如此锦上添花之举，何乐而不为呢？观众们纷纷进场，边看马戏，边津津有味地吃着香喷喷的爆炒蚕豆，但是等到演出休息时，观众感到口渴。此时剧场入口处涌出了一群卖冰棍、冰激凌的孩子，价格虽然比平时贵了许多，但观众还是争相购买。转眼间，一批冰棍、冰激凌便被抢购一空。连续5天，这个冷饮厂积压的商品便销售一空。

思考：①分析案例中强迫联想的过程，绘制思维导图。②用5min，写出由“风”联想到的词。③用“杯子”与“医学”进行强迫联想，用时10min，看看谁联想得最多，写出杯子的医学用途。

活动三　类比思维体验

白色反射阳光，黑色吸收阳光，能不能做一个变色屋顶，夏天变成白色，反射阳光，屋里更凉爽，冬天屋顶变成黑色，吸收阳光，屋里更暖和，减少降温以及取暖的能源消耗。

大自然中，很多动物都有变色功能，如变色龙随时改变颜色与环境融为一体。比目鱼躺在白色沙子上就变成白色，躺在黑色沙子上就变成黑色。

思考：动物变色的原理是什么？变色屋顶怎样可以变成现实？

开展讨论，将讨论过程与结果写一篇1000字短文。

活动四　组合思维体验

问题一：据统计，色盲占世界人口的5.6%，色盲不能准确区分交通路口的红绿灯，这为安全行车带来了巨大隐患。用组合创新的方法解决这个问题。5人一组，讨论各种可能性，找出至少两种解决办法。

问题二：观察自己的学习和生活用品，探寻组合创新的可能，至少找到两个组合创新的改进物品。

活动五　列举思维体验

用缺点列举法和希望列举法改进普通牙刷。

创客体验　模拟自动冲压

学习目标

- 能够做出冲压站自动冲压项目的实施计划。
- 能够进行 I/O 地址分配。
- 能够规范剥线。
- 能够裁剪合适的线槽与导轨布置线路。
- 能够规范进行 PLC 端口连线。
- 能够应用西门子博途软件完成冲压站 PLC 控制程序。
- 能够解决冲压站自动冲压过程中出现的问题。
- 能够对完成的冲压站自动冲压工作过程做出评价。

项目发布

冲床又叫冲压机，或冲压式压力机。冲压生产主要是针对板材的。在日常生活中，很多物品都是通过冲压制成的，如小轿车的车身、车架及车圈等零部件。据有关调查统计，自行车、缝纫机、手表里有 80% 是冲压件；电视机、收录机、摄像机里有 90% 是冲压件；食品金属罐、搪瓷盆碗及不锈钢餐具，全都是冲压加工的产品；计算机的硬件中也缺少不了冲压件。

慧鱼冲压工作站

本项目应用慧鱼冲压工作站（图 5–1）模拟自动冲压，要求实现如下工作过程。

1）初始状态，冲压头处于冲压上限位开关静止状态。

2）当进出口光电传感器检测到工件时，传送带向前传送。

图 5–1　慧鱼冲压工作站

3）当工件被工作光电位置传感器检测到后，传送带停止，实现“冲压向下”动作。

4）当冲压头触发下限位开关时，冲压头停止工作 3s，接着冲压头向上撤回。

5）当冲压头触发上限位开关时，停止动作，传送带将工件运送回进出口光电传感器。

至此完成一个完整的加工流程。

项目准备

填写表 5–4，完成项目所需设备的准备。

表 5-4　项目准备

序号	种类	名称	规格与型号	数量	准备情况	替换工具
1	工具	胶皮锤	30mm 安装锤	1	□完成　□未完成	
		压线钳	DLTXCNHSC8 6-6A	1	□完成　□未完成	
		剥线钳	史丹利 84-319-22	1	□完成　□未完成	
		水口钳	史丹利 90-567-23	1	□完成　□未完成	
		线槽剪刀	秦汉五金	1	□完成　□未完成	
		十字、一字螺钉旋具	—	2	□完成　□未完成	
2	软件	西门子博途软件	V15	1	□完成　□未完成	
3	设备	慧鱼冲压模型套装散件及拼装手册	慧鱼组合包	1	□完成　□未完成	
		PLC 1200	西门子 6ES7 214-1AG40-0XB0	1	□完成　□未完成	
		开关电源	德力西 CDKU-S50W/24V/2.2A	1	□完成　□未完成	
		三孔插头带线	广昌兴	1	□完成　□未完成	
4	材料	电线	BV 0.5 平方	1	□完成　□未完成	
		线号管	0.5 平方	1	□完成　□未完成	
		牛角插座	26P，间距 2.54mm	1	□完成　□未完成	
		双头牛角插头线	奥延	1	□完成　□未完成	
		彩排线	26P，长 1m	1	□完成　□未完成	
		PVC 线槽	25mm × 25mm × 25cm（2 根），25mm × 25mm × 35cm（2 根）	4	□完成　□未完成	
		铝导轨	C45-DZ47	1	□完成　□未完成	
		自攻螺钉、垫片	M2 × 10、M4 × 10、M2 × 10 垫片、M4 × 10 垫片	若干	□完成　□未完成	
		白色木板	长 35cm × 宽 25cm	1	□完成　□未完成	
		网线	绿联	1	□完成　□未完成	

项目计划

冲压工作站要实现传送带自动传送产品、自动冲压功能，其关键流程是 PLC 侧接线、PLC 程序编制与调试。当冲压工作站的进出口光电传感器检测到工件时，传送带向前移动；当工件被工作位置光电传感器检测到后，传送带停止，冲压模块工作，进行模拟冲压加工，模拟冲压加工结束后，由传送带将工件运送回进出口光电传感器，从而完成一个完整的加工流程。项目采用 PLC 控制，应用牛角插头实现 PLC 与冲压站模型中 PCB 间的连线，通过西门子博途软件导入控制程序，在线调试、运行，直至实现既定目标。

本项目计划 8 小时完成，具体实施计划见表 5-5。

表 5-5　项目实施计划

项目分解	时间 /h								项目负责人
	1	2	3	4	5	6	7	8	
制定自动冲压 I/O 地址分配表									全体成员
自动冲压 PLC 侧接线									成员 1、2
自动冲压程序设计									成员 3、4

项目执行流程见图 5-2。

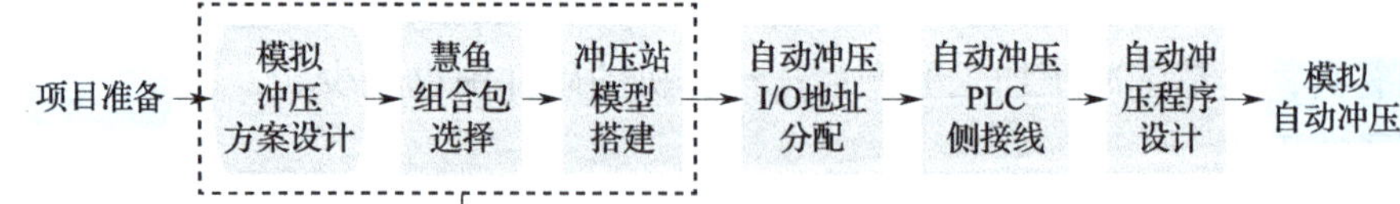

注：线框中流程为冲压站模型设计，本项目选用慧鱼成套冲压站模型，该流程未包含在创客体验中。

图 5-2　项目执行流程

项目实施

任务一　制定自动冲压 I/O 地址分配表

职业活动

步骤一：确定自动冲压输入、输出元器件

冲压站工作过程中，传送带进出口光电传感器与工作位置光电传感器感应到工件时，控制传送带的电动机运转，传送带工作；冲压头上下限位开关动作时，控制冲压头的电动机运转，冲压头工作。

因此，进出口光电传感器与工作位置光电传感器、冲压上下限位开关作为 PLC 的输入元件；控制传送带移动的电动机与齿轮减速器、控制冲压头上下移动的电动机与齿轮减速器作为 PLC 输出元件。

步骤二：制定自动冲压 I/O 地址分配表

将输入元器件进出口光电传感器与工作位置光电传感器、冲压上下限位开关分别对应 PLC 的输入端 I0.1~I0.4，将输出设备控制传送带移动的电动机与齿轮减速器、控制冲压头上下移动的电动机与齿轮减速器对应 PLC 的输出端 Q0.1~Q0.4。同时分别对应排线的线号 5-8、15-18。I/O 地址分配见表 5-6。

表 5-6　I/O 地址分配

输入			输出		
端子编号	功能	输入点	端子编号	功能	输出点
2	电源（正）传感器	24V DC	1	电源（正）执行器	24V DC
4	电源（负）	0V	3	电源（负）	0V
5	进出口光电传感器	I0.1	15	传送带向前移动	Q0.1
6	工作位置光电传感器	I0.2	16	传送带向后移动	Q0.2
7	冲压上限位	I0.3	17	冲压向上	Q0.3
8	冲压下限位	I0.4	18	冲压向下	Q0.4

职业知识

PLC 的含义与基本结构

含义	PLC 即可编程序控制器，是一种专为在工业环境下应用而设计的数字运算操作的电子装置。它采用可编程序的存储器，用来在其内部存储执行逻辑运算、顺序控制、定时、计数和算术运算等操作的指令，并通过数字式、模拟式的输入和输出，控制各种类型的机械或生产过程。
基本结构	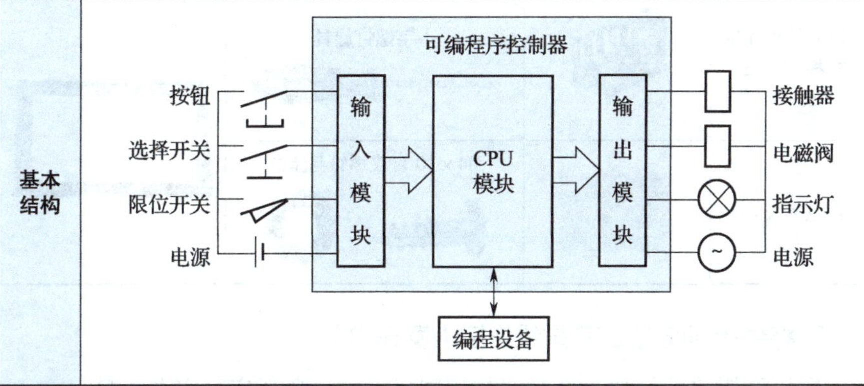

PLC 输入与输出元器件确定原则

输入	发出指令的元器件作为 PLC 的输入，如按钮、开关等。
输出	执行动作的元器件作为 PLC 的输出，如接触器、电磁阀、指示灯等。

I/O 分配表的含义、分配方法及用途

含义	I 表示输入，INPUT；O 表示输出，OUTPUT。I/O 分配表是 PLC 输入输出的分配表。表中明确表示出输入 / 输出设备的作用以及对应的 PLC 端口。
方法	西门子 S7-1200 PLC 设备共有 I0.0~I0.7、I1.0~I1.5 计 14 个输入端，有 Q0.0~Q0.7、Q1.0~1.1 计 10 个输出端，分配时将每一个输入设备对应一个 PLC 的输入端，将每一个输出设备对应一个 PLC 的输出端，不得重复。
用途	为了 PLC 接线及运用 PLC 编程。

任务二　自动冲压 PLC 侧接线

职业活动

步骤一：固定牛角插座与排线

1. 固定 PVC 线槽（表 5-7）

用十字螺丝刀、M4 × 10 自攻螺钉、M4 × 10 垫片将切割好的 PVC 线槽固定在白色木板上。

表 5-7　固定 PVC 线槽

名称	固定前	工具与耗材	固定后
PVC 线槽 4 根（2 根 35cm，2 根 25cm）		十字螺钉旋具	
白色木板		M4 × 10 自攻螺钉与垫片	

2. 将牛角插座与 26P 排线连接（表 5-8）

用压线钳将裁好的 26P 排线与相同尺寸的牛角插座固定在一起。

表 5-8　连接牛角插座与 26P 排线

名称	连接前	工具	连接后
间距 2.54mm 牛角插座		压线钳	反面　正面
26P 排线（长 1m）			

3. 将连接好的线固定在白色木板上（表 5-9）

用十字螺钉旋具、M2 × 10 自攻螺钉将牛角插座和排线固定在连接好的白色木板上。

职业知识

牛角插座（DC2）规格

间距	1.27mm、2.0mm、2.54mm
位数	10 12 14 16 20 24 26 30 34 40 60 64 68 80 100
层数	双层
角度	180° 直插型、90° 折弯型
颜色	黑、灰白、蓝色

牛角插座型号说明与性能参数

型号说明	性能参数
119－10GSK 1　2 3 4 5 系列号 线数：10,12,14,16,20,26 30,34,40,50,60,64 触点电镀类型： G—镀金 T—端子：镀锡 触点：镀金 端子类型： S—直脚 R—弯脚 颜色：K—黑色 G—灰色	技术特性 接触电阻：≤30mΩ（DC 100mA） 绝缘电阻：≥1000mΩ（DC 500V） 额定电流：1A 电介质耐力 电压：500V，AC/min 温度范围：−55~105℃ 触点：黄铜 绝缘座：PBT30%玻璃纤维

牛角插座与排线连接方法

将 26P 排线卡座装在排线钳口模上，卡座凸出部分与口模凹槽对齐，防止脱落。	
将口模连同卡座安装在排线钳钳口，轻轻按压使之闭合。安装时，注意将口模卡口紧靠钳口，推紧锁住，按压力度应适中。	
取下口模，将排线卡座斜置，与同尺寸装有排线的牛角插座配合置于排线钳上。用力按压，完成压线。	

表 5-9 将连接好的线固定在白色木板上

固定前	工具与耗材	固定后
	十字螺钉旋具	
	M2×10 自攻螺钉	

步骤二：安装 PLC 与开关电源

1. 固定铝导轨

用十字螺钉旋具、M4×10 自攻螺钉、M4×10 垫片将铝导轨固定在白色木板上，铝导轨安装在距离右侧 PVC 线槽 1cm 处上下居中的位置，如图 5-3 所示。

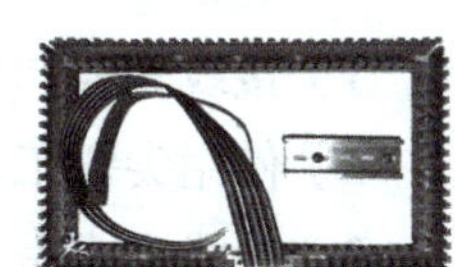
图 5-3 固定铝导轨

2. 安装 PLC

将 PLC 底面可扳动的槽向后移动，如图 5-4 所示，接着将 PLC 安装在铝导轨上，再将移动后的槽推回原位，用水口钳子将铝导轨的两端微微翘起，防止 PLC 滑动。

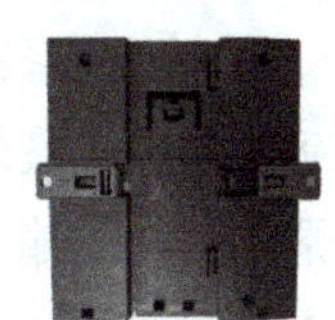
图 5-4 安装 PLC

3. 安装开关电源

用 M4×10 自攻螺钉、M4×10 垫片将开关电源固定在白色木板上，开关电源位于剩余空间的居中位置，如图 5-5 所示。

图 5-5 固定开关电源

步骤三：依据 I/O 地址分配表接线

1. 整理排线

每根线需根据放置线槽的位置以及接线位置确定其长度（略微留有一定余量，约 2cm），多出的部分用水口钳（图 5-6）剪断，未使用的线号，沿着牛角插座底部剪断即可。线槽布置如图 5-7 所示，接着用剥线钳（图 5-8）将排线剥线（图 5-9）。

固定牛角插座与排线注意事项

1）切割 PVC 线槽时依据白色木板大小，两者需要配套使用。

2）直接用自攻螺钉固定费力时，可使用电钻配合完成。

3）排线与牛角插座均为 26P，配套使用。

4）连接牛角插座与排线时，插座豁口朝上，正面方向默认排线左侧第一根为棕色线压入。

剥线钳的剥线方法及注意事项

把需要剥线皮的电线剪平	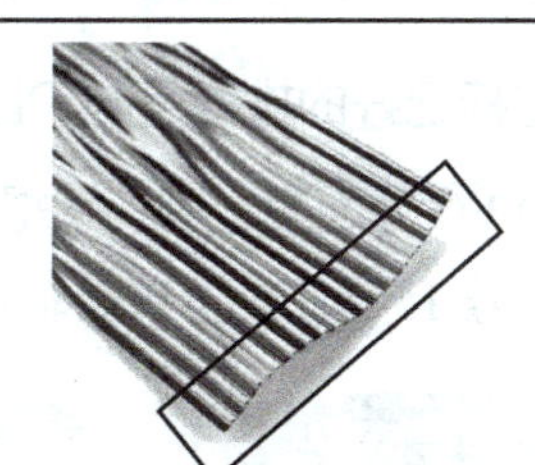
用水口钳剪切电线，切口齐整。剪切后的排线切口处必须整齐，不可有锯齿、斜口、撕裂的形状。	
调好需要剥线的长度	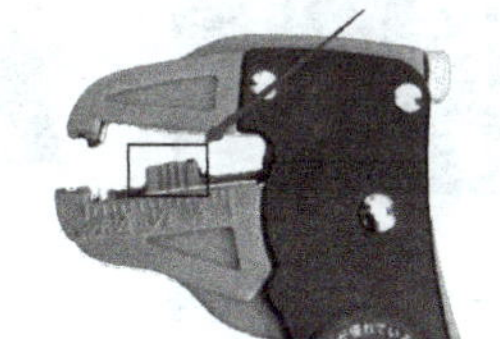
调整剥线长度约 6.4mm。保证压接区既不能压接到绝缘层，也不能裸线露于端子外。	
把线材接入钳口，把线皮剥去	
缓缓用力按压钳柄，用力过小会剥不下线皮，过大会伤及内导线。剥线过程要佩戴护目镜，避免眼睛遭受伤害。	
调整钳口压力	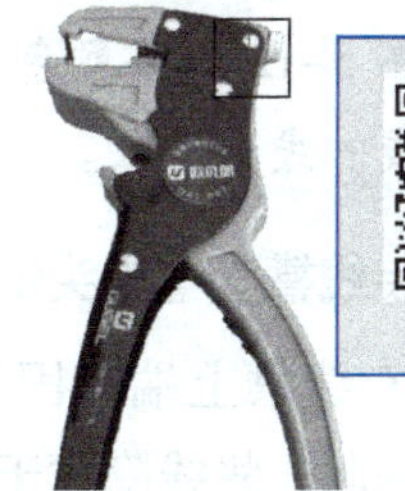 
如果剥线口的压力过大，可以将压力调小，否则容易把线压断。螺钉顺时针调节将压力调大，逆时针调节将压力调小。	

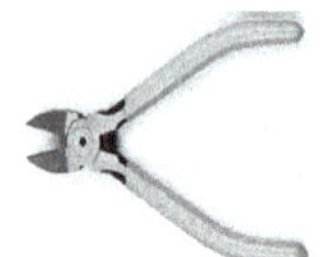

图 5-6　水口钳

图 5-7　线槽布置

图 5-8　剥线钳

图 5-9　剥线

2. 将排线标记线号

默认第一根棕色线为 1 号，依次为 2、3、4……，用线号管对应 I/O 表端子编号依次为排线标记线号，以便接线时更加清晰醒目，如图 5–10 所示。

3. 将标记好的排线号与 PLC 连接

按照 I/O 分配表，用一字螺钉旋具将对应线号 5~8 连至 PLC 输入端口，将对应线号 15~18 连至 PLC 输出端，如图 5–11 所示。

图 5-10　标记线号

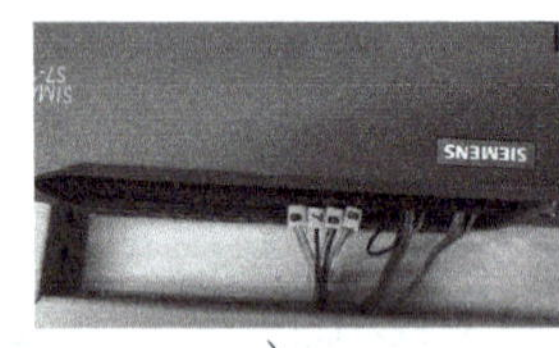

a）

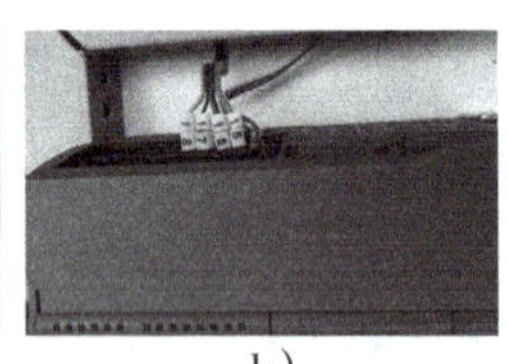

b）

图 5-11　PLC 接线

4. 连接电源线

PLC 的 24V 输入端口 L+ 接开关电源的 V+；PLC 的 24V 输入端口 M 接开关电源的 V–；PLC 的 24V 输出端口 L+ 接 PLC 的 3L+，PLC 的 24V 输出端口 M 接 PLC 的 1M；PLC 的 24V 输出端口 M+ 接 PLC 的 3M，如图 5–12 所示。

注：图 5–12 线条颜色为方便视图所画，不代表排线的线号颜色。

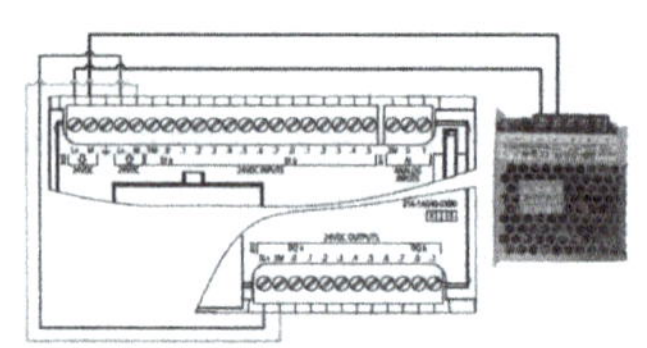

图 5-12　电源与 PLC 连线

5. 安装线槽盖与双头牛角插头线

将 PVC 线槽上端与固定在白色木板上的下端扣在一起，将线隐藏于线槽中，并安装双头牛角插头线。接线完成如图 5–13 所示。

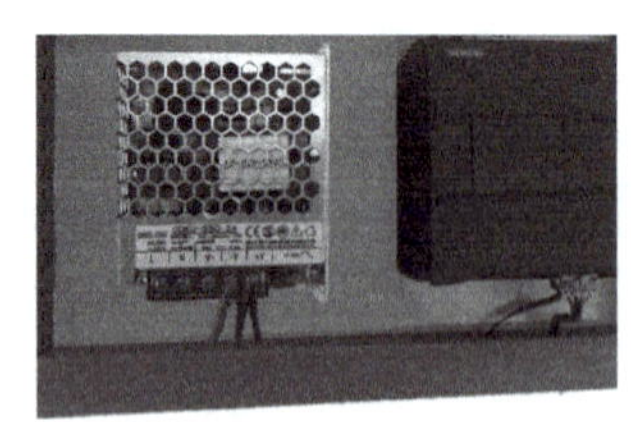

图 5-13　接线完成图

排线的颜色线号

	第一根	第二根	第三根	第四根	第五根	第六根	第七根	第八根	第九根	第十根
线号颜色	棕色	红色	橙色	黄色	绿色	蓝色	紫色	灰色	白色	黑色
线号尾号	1	2	3	4	5	6	7	8	9	0

注：标记后要做好检查，如绿色的排线可能是线号 5、15、25，但它的尾数只能是 5。可根据这个规律自查已经记号的线是否正确。

PLC 接线注意事项

1）接线完成前禁止接通电源。

2）使用尖锐工具时应注意安全，防止受伤。

3）接线完成后应将工具放回原位。

PLC 接线常识

1）输入设备（开关、传感器等）的直流电源和输出设备（继电器）的直流电源等，最好采取独立的直流电源供电。大部分的 PLC 自带 24V 直流电源，只有当输入设备或者输出设备所需电流不是很大的情况下，才能使用 PLC 自带直流电源。

2）PLC 自带的输入口电源一般为 DC24V，输入口每一个点的电流定额在 5mA~7mA 之间，这个电流是输入口短接时产生的最大电流，当输入口有一定的负载时，其流过的电流会相应减少。PLC 输入信号传递所需的最小电流一般为 2mA，为了保证最小的有效信号输入电流，输入端口所接设备的总阻抗一般要小于 2000Ω。也就是说，当输入端口的传感器功率较大时，需要接单独的外部电源。

3）PLC 输出端口一般所能通过的最大电流随 PLC 机型的不同而不同，大部分在 1A~2A 间，当负载的电流大于 PLC 的端口额定电流时，一般需要增加中间继电器才能连接外部接触器。

任务三　自动冲压程序设计

职业活动

步骤一：创建项目

1. 创建新项目

双击桌面图标TIA Portal V15，打开软件，单击“创建新项目”命令，输入项目名称“冲压站”，单击“创建”按钮，完成创建，如图 5-14 所示。

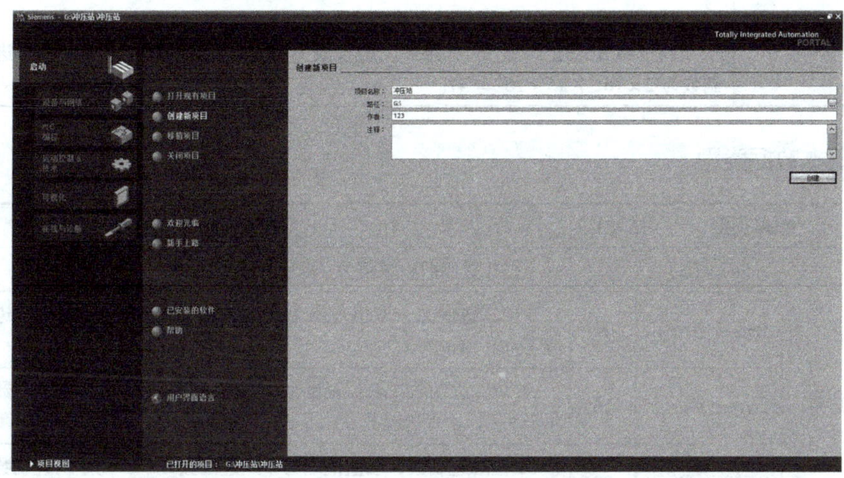

图 5-14　创建新项目

2. 添加设备

选择“设备与网络”，单击“添加新设备”命令，单击 SIMATIC S7-1200 下拉菜单，从 CPU 列表中选择当前 CPU 型号“CPU 1214C DC/DC/DC 6ES7 214-1AG40-0XB0”，单击“添加”按钮，将所选 CPU 型号添加到项目中，如图 5-15 所示。

职业知识

TIA Portal V15 与 SIMATIC STEP7 V15

TIA Portal V15	TIA Portal V15 又称博途 V15，是一款由西门子打造的全集成自动化编程软件，整合了 STEP7、WINCC、STARTDRIVE 等，通过此博途软件就能对触摸屏、PLC 驱动进行编程调试和仿真操作。
SIMATIC STEP7 V15	基本版（Basic）：用于组态 S7-1200 PLC 控制器。
	专业版 (Professional)：用于组态 S7-1200PLC、S7-1500PLC、S7-300/400PLC 和 WinAC。

STEP7 的编程语言类型

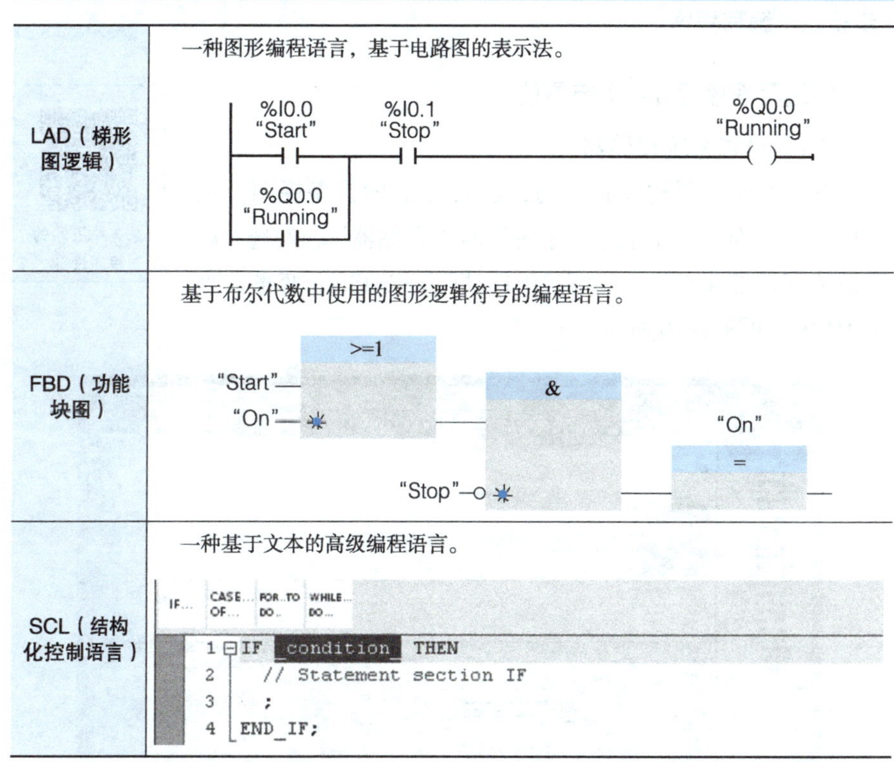

LAD（梯形图逻辑）	一种图形编程语言，基于电路图的表示法。
FBD（功能块图）	基于布尔代数中使用的图形逻辑符号的编程语言。
SCL（结构化控制语言）	一种基于文本的高级编程语言。

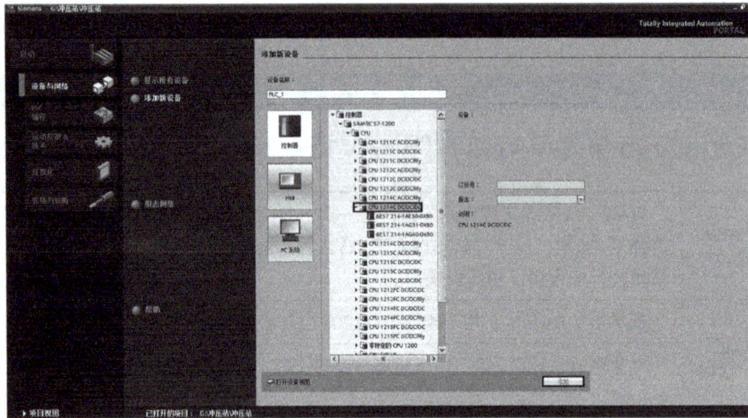

图 5-15　添加 CPU 型号

步骤二：编写程序

1. 编写程序段 1：上电置位

慧鱼冲压站的程序设计

（1）设置系统存储器

双击左侧项目树设备组态，进入 CPU 的设备视图，在“属性”→“常规”下选中“系统和时钟存储器”，勾选“启用系统存储器字节”，默认 MB1，即为 FirstScan 变量，默认 M1.0，如图 5-16 所示。

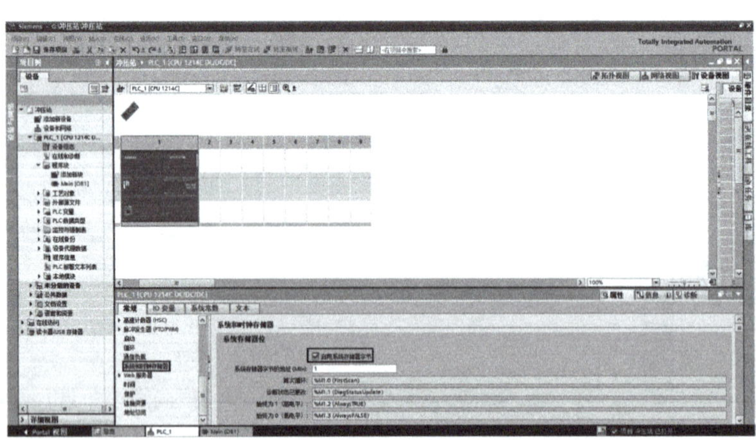

图 5-16　设置系统存储器

数制类型与含义

二进制数	二进制数的 1 位只能为 0 和 1。用 1 位二进制数来表示开关量的两种不同的状态。如果该位为 1，梯形图中对应的编程元件的线圈通电、常开触点接通、常闭触点断开，称该编程元件为 TRUE 或 1 状态。该位为 0 则反之，称该编程元件为 FALSE 或 0 状态。
多位二进制整数	用多位二进制数来表示大于 1 的整数。从右往左的第 *n* 位（最低位为第 0 位）的权值为 2^n。二进制数 1100 对应的十进制数为 $1\times2^3+1\times2^2+0\times2^1+0\times2^0=8+4=12$。
十六进制数	十六进制数用于简化二进制数的表示方法，16 个数为 0 ~ 9 和 A ~ F（10 ~ 15），1 位十六进制数对应于 4 位二进制数，如二进制数 0001 0011 1010 1111 可以转换为十六进制数 13AF。 十六进制数“逢 16 进 1”，第 *n* 位的权值为 16^n。十六进制数 2F 对应的十进制数为 $2\times16^1+15\times16^0=47$。

基本数据类型

数据类型		位数	说明
二进制数	Bool（位）	1	1 位二进制数，取值为 TRUE、FALSE 或 0、1。
	Byte（字节）	8	8 位二进制数，取值范围为十六进制数 00 到 FF，如十六进制数 12、AB 等。
	Word（字）	16	16 位二进制数，取值范围为十六进制数 4 个 0 到十六进制数 4 个 F，如十六进制数 0012、ABCD 等。
	DWord（双字）	32	32 位二进制数，取值范围为十六进制数 8 个 0 到十六进制数 8 个 F，如十六进制数 02468ACE 等。
整数	SInt 与 USInt	8	有符号整数的最高位为符号位，最高位为 0 时为正数，为 1 时为负数。有符号整数用补码来表示，二进制正数的补码就是它本身，将一个正整数的各位取反后加 1，得到绝对值与它相同的负数的补码。
	Int 与 UInt	16	
	DInt 与 UDInt	32	
浮点数	Real	32	最高位为符号位，正数时为 0，负数时为 1。ANSI/IEEE 标准的浮点数尾数的整数部分总是为 1，第 0~22 位为尾数的小数部分。
	LReal	64	最高位为符号位。尾数的整数部分总是 1，第 0~51 位为尾数的小数部分。
字符	Char（字符）	8	占一个字节，以 ASCII 格式存储。数字 0~9 的 ASCII 码为十六进制数 30H~39H，英文大写字母 A~Z 的 ASCII 码为 41H~5AH，英文小写字母 a~z 的 ASCII 码为 61H~7AH。

（2）创建函数块

打开程序编辑器，在项目树中展开“程序块”文件夹，双击“添加新块”，选择“FB 函数块”，单击“确定”按钮，如图 5-17 所示，进入函数块编程界面，如图 5-18 所示。

（3）创建程序段 1

单击“基本指令”的“位逻辑运算”下拉菜单如图 5-19 所示，将“常开触点”按钮—| |—拖至程序段中，待程序段出现小方框时放下即可，接着继续插入“置位输出”—(S)—指令，程序段 1 自动封闭，如图 5-20 所示。

（4）定义变量

双击常开触点 <??.?> -| |- 上方的默认地址 <???>，单击地址右侧的选择器图标 ▤，打开变量表中的变量，从下拉列表中为第一个触点选择 FirstScan；接着双击 <??.?> -(S)- 上方的默认地址 <???>，输入 M1.0，按 <Enter> 键，程序段 1 完成。为程序段命名“上电置位”，表达本程序段含义，如图 5-21 所示。

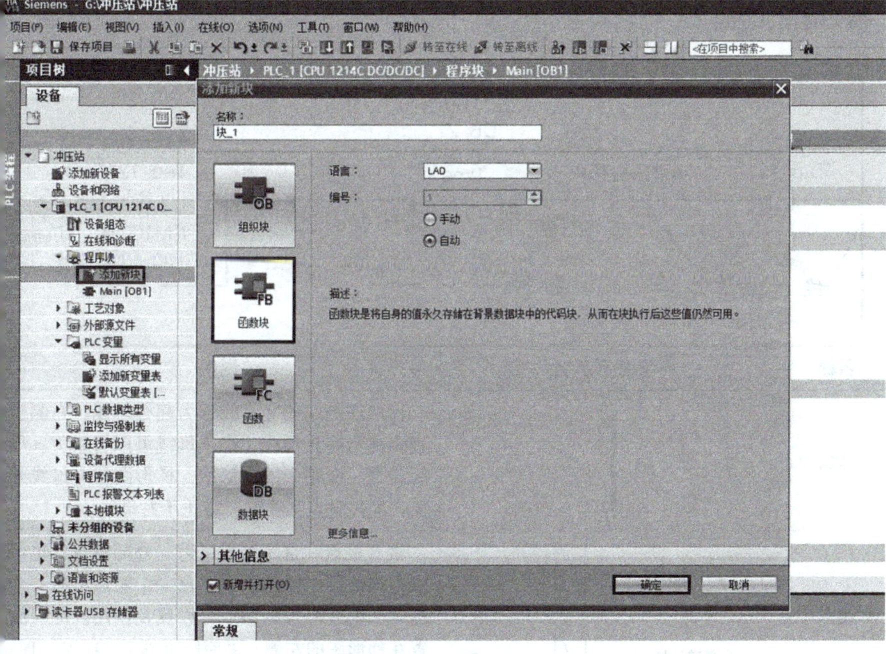

图 5-17　创建函数块

基本数据类型（续）

数据类型		位数	说明
字符	WChar（宽字符）	16	占两个字节，可以存储汉字和中文的标点符号。
	String（字符串）	可变	操作数可存储多个字符，最多可包括 254 个字符，如“abcdefg”叫字符串，而其中的每个元素叫字符。
	WString（宽字符串）	可变	用于在一个字符串中存储多个数据类型为 WChar 的 Unicode 字符。如果未指定长度，则字符串的长度为预置的 254 个字符。
时间与日期	Time	32	有符号双整数，其单位为 ms，能表示的最大时间为 24 天。
	Date	16	无符号整数，为添加到基础日期 1990 年 1 月 1 日的天数，以获取指定日期。编辑器格式必须指定年、月、日。
	Time_of_Day	32	无符号双整数，为自指定日期的凌晨算起的毫秒数（凌晨 = 0ms）。必须指定小时（24h/ 天）、分钟和秒，可以选择指定小数秒格式。

代码块类型与应用

类型	说明
组织块 OB 	OB 块为程序提供结构。它们充当操作系统和用户程序之间的接口。只能使用临时变量（Temp）。 OB1 是 PLC 的主程序，OB1 块中可以直接编写梯形图进行编程，达到自动控制的目的，也可以调用 FC 块和 FB 块，这样会使程序看上去简洁明了，结构清晰。
函数块 FB 	函数块 FB 是使用背景数据块保存其参数和静态数据的代码块，可以使用全部变量。 函数块 FB 可以作为用户编写的子程序，可以被其他程序调用（也可以调用其他子程序）。
函数 FC 	函数 FC 是通常用于对一组输入值执行特定运算的代码块，FC 不具有相关的背景数据块。 函数 FC 也可以作为用户编写的子程序，可以被其他程序调用（也可以调用其他子程序）。

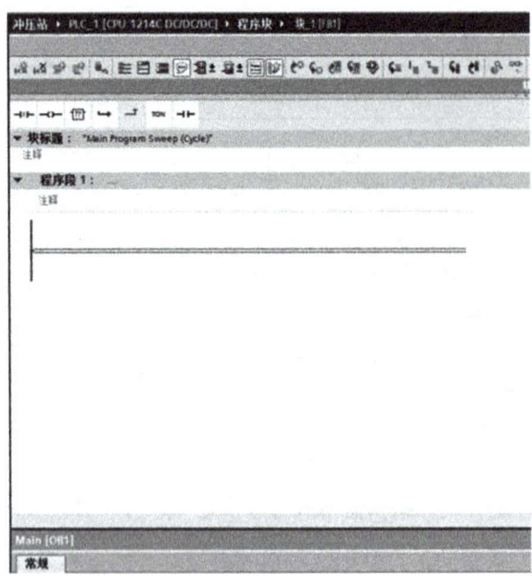

图 5-18　函数块编程界面

图 5-19　“位逻辑运算”下拉菜单

图 5-20　程序段 1

图 5-21　定义变量后的程序段 1

2. 编写程序段 2：手动复位

（1）创建程序段 2

使用“位逻辑运算”下拉菜单的“常开触点”按钮—| |—、“扫描操作数的信号上升沿”指令—|P|—、“置位输出”指令—（S），如图 5-22 所示。

代码块类型与应用（续）

数据块 DB	数据块 DB 用于存储用户数据及程序中间变量。用户程序中的所有程序块都可访问全局 DB 中的数据，而背景 DB 仅存储特定功能块 FB 的数据。

西门子 PLC 变量的类型、功能与使用范围

类型	功能	使用范围
程序参数	用于传递逻辑块之间的数据。	程序块 FC、程序块 FB。
临时变量	用于存储逻辑块内部中间状态暂存的寄存器（堆栈 L）。	组织块 OB、程序块 FC、程序块 FB。
静态变量	存储在与功能块配套的即时数据块 DI 中。仅对所调用的程序块 FB 有效。	程序块 FB。

梯形图的组成

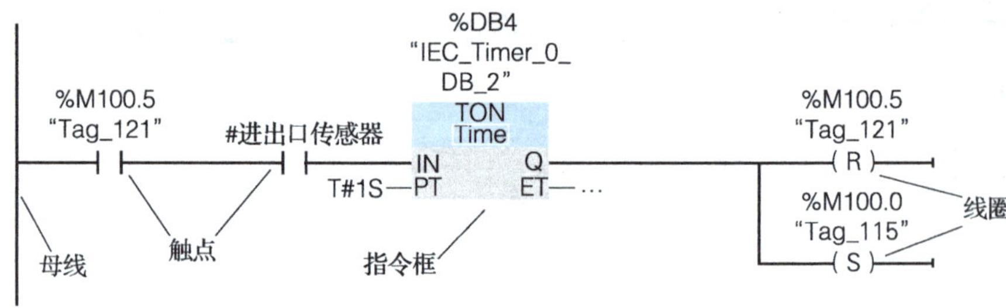

名称	典型表示示例	说明
母线	│	梯形图的左侧竖直线称为起始母线，右侧竖直线称为终止母线（终止母线可以省略）。母线相当于电路中的电源线，梯形图从左母线开始，经过触点和线圈，终止于右母线。
触点	常开触点 —| |— 常闭触点 —|/|—	常开触点和常闭触点可以是外部触点，也可以是内部继电器的状态，每一个触点都有一个标号，同一标号的触点可以反复使用。触点放置在梯形图的左侧。可使用字母 I、Q、M、T、C 进行标识。

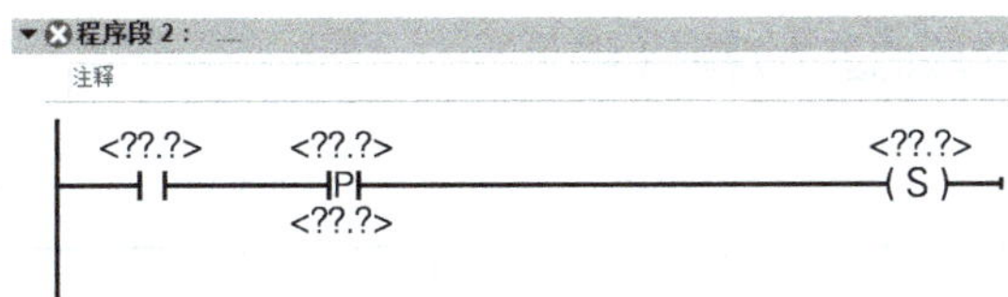

图 5-22　程序段 2 编程

（2）定义变量

在块接口列表里 input 的名称列输入“复位”，static 的名称列输入“plu4”，其他选项默认，完成“扫描操作数的信号上升沿”指令赋值，如图 5-23 所示。

双击指令 —|P|— 上方的默认地址 <???>，单击地址右侧的选择器图标 ，从下拉列表中选择“复位”；以同样方式双击下方的默认地址 <???>，选择“plu4”。“常开触点”按钮与“置位输出”指令定义方法同程序段 1。程序段 2 设置完成后，为程序段命名“手动复位”，如图 5-24 所示。

图 5-23　“扫描操作数的信号上升沿”指令在块接口的赋值

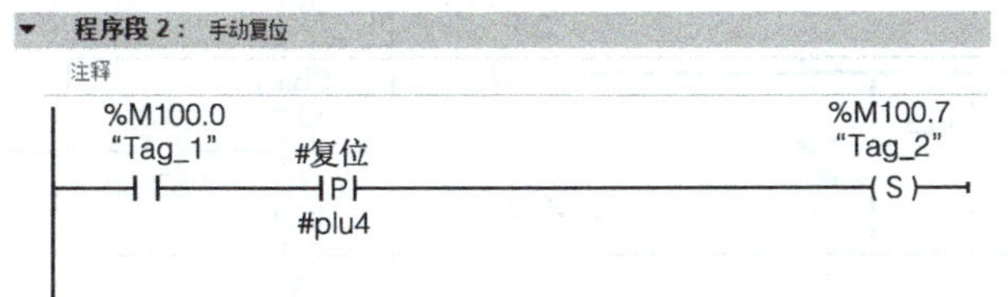

图 5-24　定义变量后的程序段 2

梯形图的组成（续）

名称	典型表示示例	说明
指令框	接通延时定时器 %DB1 "IEC_Timer_0_DB" TON Time IN　Q PT　ET …	梯形图中的指令框又称功能块，用来表示定时器、计数器或数学运算等附加指令。
线圈	输出线圈—(　)—	梯形图中的线圈类似于接触器与继电器的线圈，代表逻辑输出的结果，使用时同一标号的线圈一般只能出现一次。线圈放置在梯形图的右侧。可使用字母 Q、M、SM 等进行标识。

创建梯形图程序段的基本规则

- 梯形图中的每一行都是从左侧母线开始画起，线圈或指令画在右边，线圈或指令右边只能画右母线（或省略右母线）。
- 线圈或指令不能直接与左侧母线连接（除极少数没有执行条件的指令如 END）。若线圈无条件执行时，可借助未使用的常闭触点。

Q0.0　　M0.0　Q0.0　或　SM0.0　Q0.0

不正确　　　　正确

- 梯形图中的触点、线圈仅为软件中的触点和线圈，对于非硬件上的触点和线圈，在控制设备时需要接入实际的触点和线圈。
- 用 OUT 指令输出时，同一编号的继电器线圈在同一程序中使用两次以上，称为双线圈输出。双线圈输出容易引起误动作或逻辑混乱，因此一般要避免出现这种情况。

3. 编写程序段 3：顺序控制

（1）创建程序段 3

使用“位逻辑运算”下拉菜单的“常开触点”按钮⊣ ⊢与“常闭触点”按钮⊣/⊢、“收藏夹”下拉菜单的分支按钮↦，并打开“基本指令”栏的“定时器操作”与“移位和循环”菜单，将“接通延时”指令与“左移”指令（图 5-25）插入程序中，创建程序段 3，如图 5-26 所示。

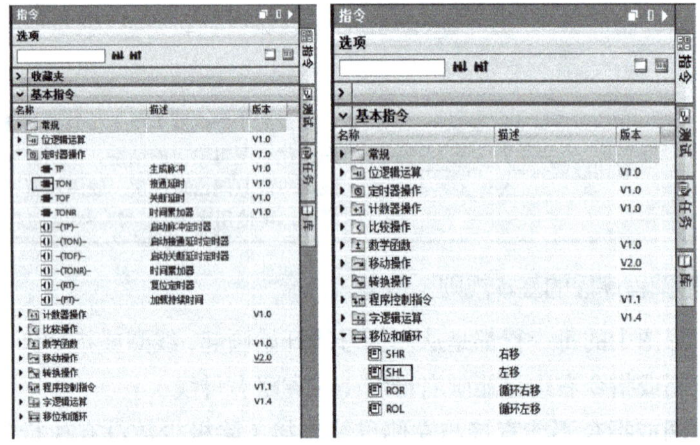

图 5-25 “定时器操作”与“移位和循环”菜单

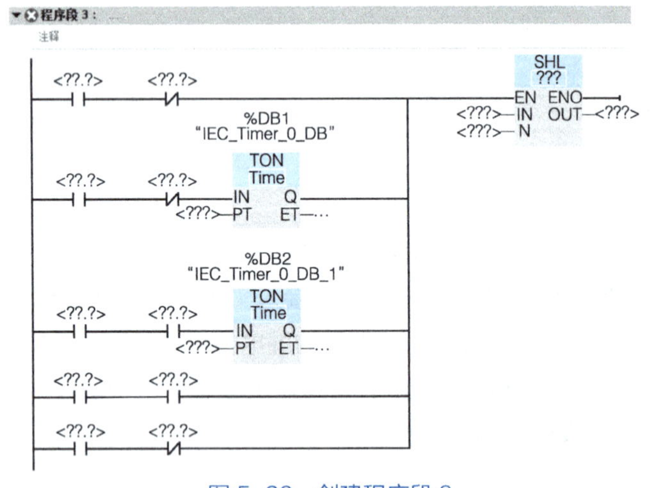

图 5-26 创建程序段 3

创建梯形图程序段的基本规则（续）

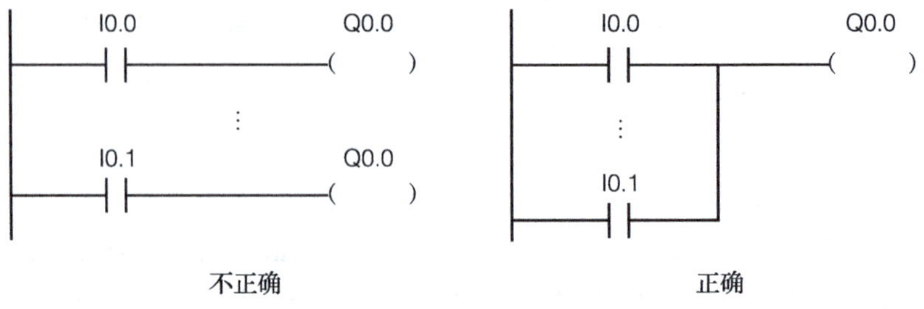

- 能流不是实际电流，是假想的电流且能流方向是从左到右，不能倒流。
- 不能创建可能导致反向能流的分支。

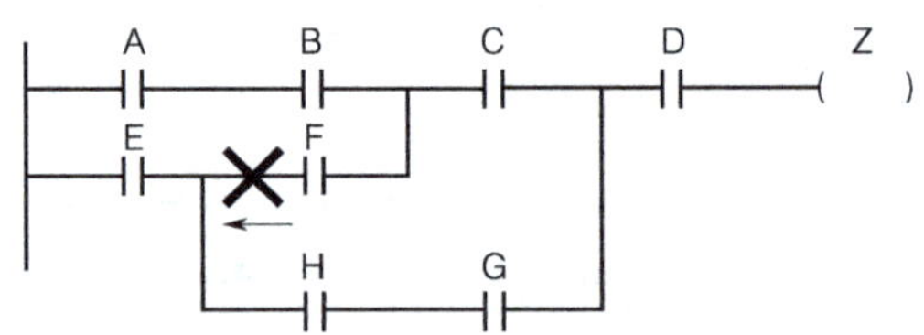

- 不能创建可能导致短路的分支。

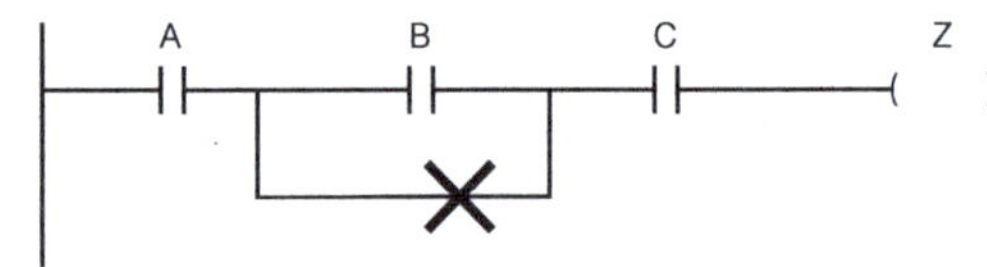

- 触点应画在梯形图的水平线上，避免出现在垂直支路上。

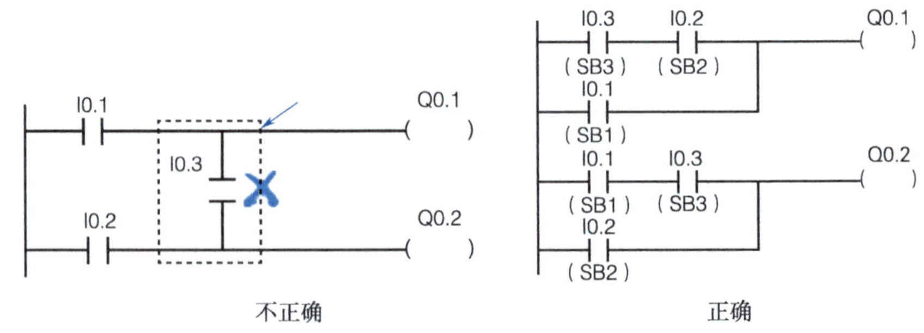

（2）定义变量

在块接口列表里 input 的名称列依次输入“进出口传感器”“工作位置传感器”“冲压下限位”“冲压上限位”，其他选项默认，完成指令赋值，如图 5-27 所示。

依次为默认地址 <???> 定义变量，左移位指令移位数设为“1”，DB1 接通延时计时器时间设为“70ms”，DB2 接通延时计时器时间设为“3s”。程序段 3 完成后，为程序段命名“顺序控制”，如图 5-28 所示。

图 5-27 块接口赋值

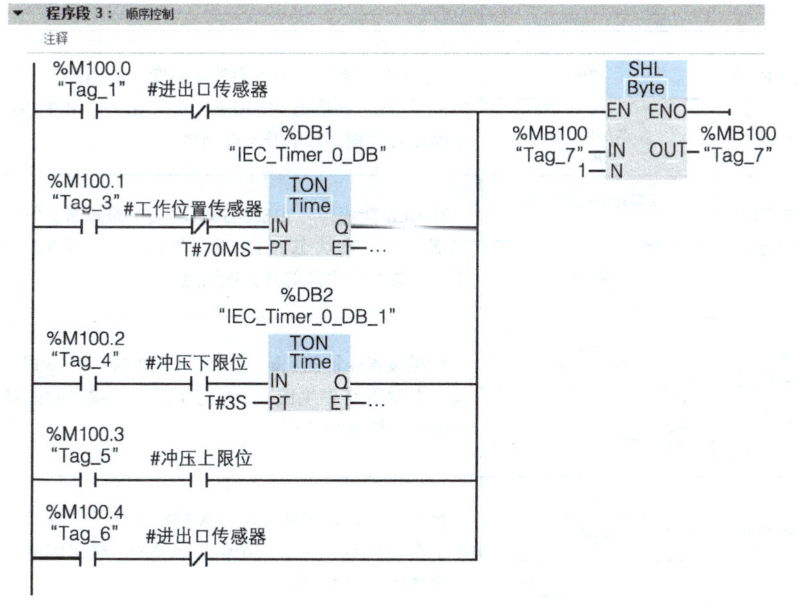

图 5-28 定义变量后的程序段 3

位逻辑运算指令与描述

指令		说明
常开触点	─┤ ├─	当操作数的信号状态为“1”时，常开触点将关闭，同时输出的信号状态置位为输入的信号状态。反之操作数状态为“0”时，常开触点断开。
常闭触点	─┤/├─	当操作数的信号状态为“1”时，常闭触点将打开，同时该指令输出的信号状态复位为“0”。
取反触点	─┤NOT├─	如果该指令输入的信号状态为“1”，则指令输出的信号状态为“0”。反之，如果输入状态为“0”，则输出为“1”。
线圈	─( )─	如果线圈输入的逻辑运算结果 (RLO) 的信号状态为“1”，则将指定操作数的信号状态置位为“1”。反之亦然。
赋值取反	─(/)─	使用“赋值取反”指令，可将逻辑运算的结果 (RLO) 进行取反，然后将其赋值给指定操作数。线圈输入的 RLO 为“1”时，复位操作数。线圈输入的 RLO 为“0”时，操作数的信号状态置位为“1”。
复位输出	─(R)─	可以使用“复位输出”指令将指定操作数的信号状态复位为“0”。当线圈输入的逻辑运算结果 (RLO) 为“1”时，才执行该指令。如果信号流过线圈，则指定的操作数复位为“0”。如果没有信号流过线圈，则指定操作数的信号状态将保持不变。
置位输出	─(S)─	使用“置位输出”指令，可将指定操作数的信号状态置位为“1”。当线圈输入的逻辑运算结果 (RLO) 为“1”时，才执行该指令。如果信号流过线圈，则指定的操作数置位为“1”。如果没有信号流过线圈，则指定操作数的信号状态将保持不变。
置位位域	─(SET_BF)─	将从指定地址开始的连续若干个位地址置位。
复位位域	─(RESET_BF)─	将从指定地址开始的连续若干个位地址复位。
置位 / 复位触发器	%M20.0 "Tag_18" SR: S, Q; %M20.0 "Tag_19" ─ R1	在置位（S）和复位（R1）信号同时为 1 时，方框上的 M20.0 被复位为 0。M20.0 的信号状态被传送到输出 Q。
复位 / 置位触发器	%M20.0 "Tag_18" RS: R, Q; %M30.0 "Tag_20" ─ S1	在置位（S1）和复位（R）信号同时为 1 时，方框上的 M20.0 置位为 1。M20.0 的当前信号状态被传送到输出 Q。

4. 编写程序段 4、5：运行完成 - 复位与复位完成

参照以上三个程序段编写方法，完成程序段 4、5 的编写，如图 5-29 和图 5-30 所示。

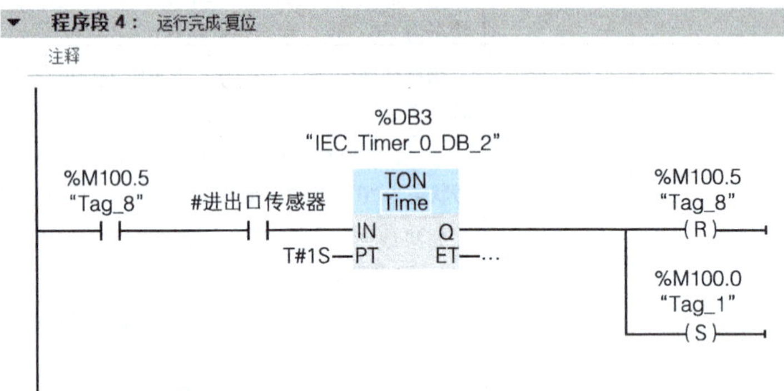

图 5-29 程序段 4

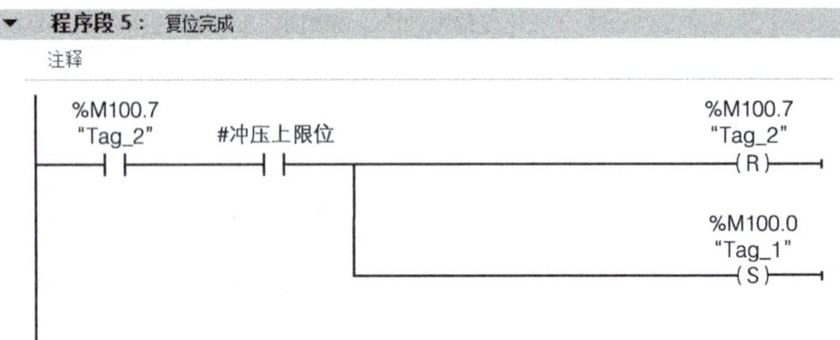

图 5-30 程序段 5

5. 编写程序段 6~9

（1）创建程序段 6~9

应用“常开触点”按钮 —| |— 、“常闭触点”按钮—| / |— 与“输出线圈”指令 —( )— 创建程序段 6~9。

（2）定义变量

在块接口列表里 output 的名称列依次输入“传送带向前移动”“传送带向后移动”“冲压向下”“冲压向上”，其他选项默认，完成指令赋值，

位逻辑运算指令与描述（续）

指令		说明
扫描操作数的信号上升沿	—|P|—	在分配的“IN”位上检测到正跳变（断到通）时，该触点的状态为 TRUE。该触点逻辑状态随后与能流输入状态组合以设置能流输出状态。P 触点可以放置在程序段中除分支结尾外的任何位置。
扫描操作数的信号下降沿	—|N|—	在分配的输入位上检测到负跳变（通到断）时，该触点的状态为 TRUE。该触点逻辑状态随后与能流输入状态组合以设置能流输出状态。N 触点可以放置在程序段中除分支结尾外的任何位置。
在信号上升沿置位操作数	—(P)—	在进入线圈的能流中检测到正跳变（通到断）时，分配的位“OUT”为 TRUE。能流输入状态总是通过线圈后变为能流输出状态。P 线圈可以放置在程序段中的任何位置。
在信号下降沿置位操作数	—(N)—	在进入线圈的能流中检测到负跳变（通到断）时，分配的位“OUT”为 TRUE。能流输入状态总是通过线圈后变为能流输出状态。N 线圈可以放置在程序段中的任何位置。
扫描 RLO 的信号上升沿	P_TRIG —CLK Q— %M10.3 "Tag_15"	在 CLK 能流输入中检测到正跳变（断到通）时，Q 输出能流或逻辑状态为 TRUE。在 LAD 中，P_TRIG 指令不能放置在程序段的开头或结尾。
扫描 RLO 的信号下降沿	N_TRIG —CLK Q— %M10.3 "Tag_15"	在 CLK 能流输入中检测到负跳变（通到断）时，Q 输出能流或逻辑状态为 TRUE。在 LAD 中，N_TRIG 指令不能放置在程序段的开头或结尾。
检查信号上升沿	%DB1 "R_TRIG_DB" %I0.3 "Tag_8" —| |— EN R_TRIG ENO %I0.4 "Tag_11"—CLK Q—%M10.4 "Tag_17"	如果该指令检测到输入 CLK 的状态从“0”变成“1”，就会在输出 Q 中生成一个信号上升沿，输出的值将在一个循环周期内为“1”。
检查信号下降沿	%DB3 "F_TRIG_DB" %I0.3 "Tag_8" —| |— EN F_TRIG ENO %I0.4 "Tag_11"—CLK Q—%M10.5 "Tag_21"	如果该指令检测到输入 CLK 的状态从“1”变成“0”，就会在输出 Q 中生成一个信号上升沿，输出的值将在一个循环周期内为“1”。

如图 5-31 所示。

依次为默认地址 <???> 定义变量，编制程序段 6~9，分别为程序段命名“传送带向前移动”“传送带向后移动”“冲压向下”“冲压向上”，如图 5-32~ 图 5-35 所示。

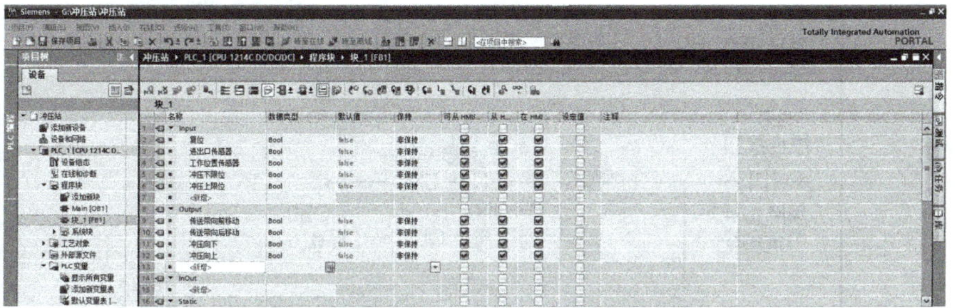

图 5-31　块接口赋值

程序段 6： 传送带向前移动

注释

%M100.1
"Tag_3"
#传送带向前移动

图 5-32　程序段 6

程序段 7： 传送带向后移动

注释

%M100.4
"Tag_6"
#传送带向后移动

图 5-33　程序段 7

程序段 8： 冲压向下

注释

%M100.2
"Tag_4"
#冲压下限位
#冲压向下

图 5-34　程序段 8

移位指令与功能

<table>
<tr><th colspan="2">指令</th><th>含义</th><th>功能</th></tr>
<tr><td>左移位指令</td><td>SHL
???
EN — ENO
<???>— IN　OUT —<???>
<???>— N</td><td>将参数 IN 的位序列左移 N 位，结果送给参数 OUT。</td><td rowspan="2">1. N=0 时，不进行移位，直接将 IN 值分配给 OUT；
2. 用 0 填充移位操作清空的位；
3. 如果要移位的位数（N）超过目标值中的位数（Byte 为 8 位，Word 为 16 位，DWord 为 32 位），则所有原值将用 0 代替，即将 0 分配给 OUT。</td></tr>
<tr><td>右移位指令</td><td>SHR
???
EN — ENO
<???>— IN　OUT —<???>
<???>— N</td><td>将参数 IN 的位序列右移 N 位，结果送给参数 OUT。</td></tr>
<tr><td>循环左移位指令</td><td>ROL
???
EN — ENO
<???>— IN　OUT —<???>
<???>— N</td><td>将参数 IN 的位序列循环左移 N 位，结果送给参数 OUT。</td><td rowspan="2">1. N=0 时，不进行循环移位，直接将 IN 值分配给 OUT；
2. 从目标值一侧循环移出的位数据将循环移位到目标值的另一侧，因此原始位值不会丢失；
3. 如果要循环移位的位数（N）超过目标值中的位数(Byte 为 8 位，Word 为 16 位，DWord 为 32 位)，仍将执行循环移位。</td></tr>
<tr><td>循环右移位指令</td><td>ROR
???
EN — ENO
<???>— IN　OUT —<???>
<???>— N</td><td>将参数 IN 的位序列循环右移 N 位，结果送给参数 OUT。</td></tr>
</table>

左移位指令应用实例：彩灯依次点亮

控制要求：用移位指令实现 8 个彩灯依次点亮，间隔 0.5s，每次只亮一个彩灯，如此循环。程序段如下所示。

循环左移右移指令

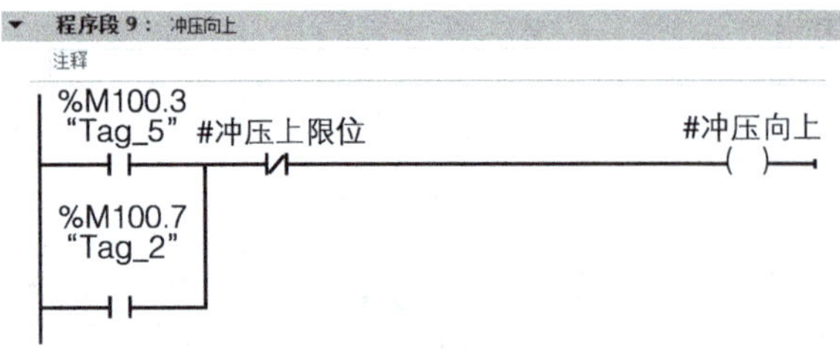

图 5-35 程序段 9

6. 将 FB 函数块添加到主程序

（1）将函数块拖入主程序

双击 Main[OB1] 主程序块，进入主程序界面，将左侧项目树“块 _1[FB1]”选中，用鼠标左键拖住，放入主程序程序段中，如图 5-36 所示，单击“确定”按钮。同时插入“常开触点”按钮。

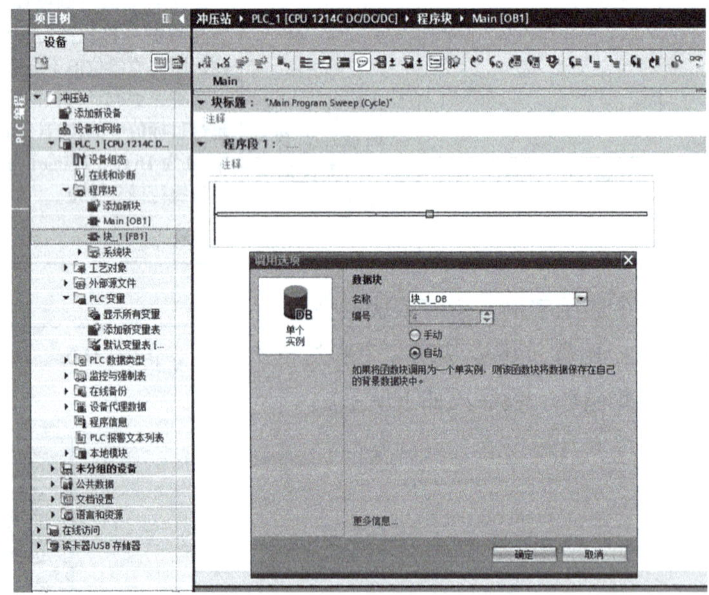

图 5-36 块 _ [FB1] 拖入主程序

（2）对块进行重命名

右键单击左侧项目树中块图标，对其进行重命名，如图 5-37 所示。

移位指令与功能（续）

程序段 1： 系统启停

注释

%I0.0
“启动按钮”
P
%M10.0
“Tag_1”

%M2.0
“系统启动”
S

%I0.1
“停止按钮”
P
%M10.4
“Tag_2”

MOVE
EN — ENO
0 — IN
OUT1 — %QB0 “Tag_5”

%M2.0
“系统启动”
R

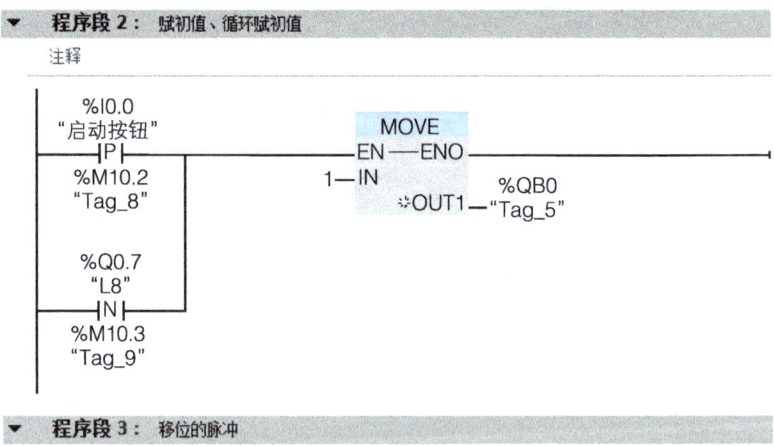

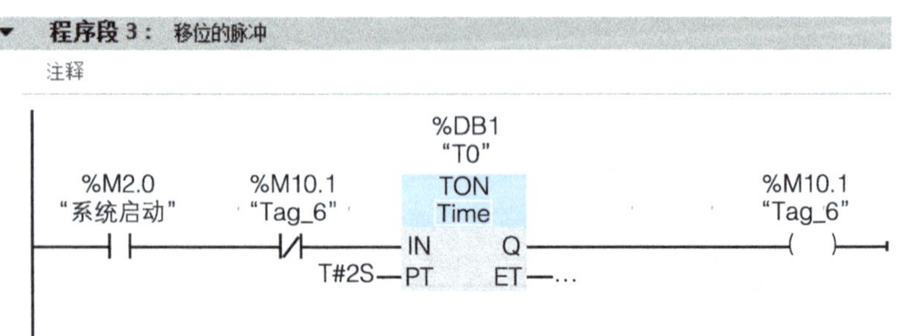

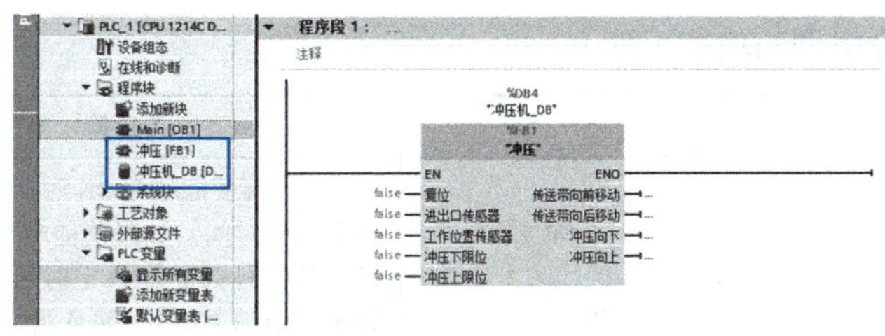

图 5-37　块重命名

（3）填写对应的 I/O 地址

对“常开触点”定义变量“Always TURE”，双击块 FB1 各输入输出接口，输入对应的 I/O 地址，如图 5-38 所示。

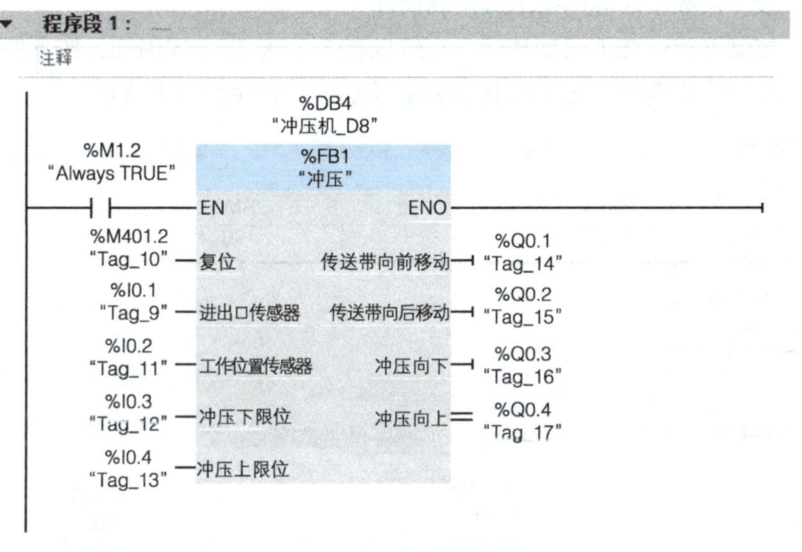

图 5-38　定义变量后的主程序

步骤三：下载程序并启动

1. 建立 PLC 与计算机的连接

选中项目树中的设备名称“PLC_ 1”，单击工具栏上的按钮，打开“扩展的下载到设备”对话框。选择“显示所有兼容的设备”，单击“开始搜索”按钮，如图 5-39 所示。

移位指令与功能（续）

程序段 4：移位

注释

“T0” .Q　　SHL Byte　EN — ENO

%QB0 “Tag_5” — IN　　OUT — %QB0 “Tag_5”

1 — N

定时器指令类型与功能

类型		功能
脉冲型定时器（TP）	%DB6 “IEC_Timer_0_DB” TP Time IN Q <???> PT ET …	使用 TP 指令，可以将输出 Q 置位为预设的一段时间，当定时器的使能端的状态从 OFF 变为 ON 时，可启动该定时器指令，定时器开始计时。无论后续使能端的状态如何变化，都将输出 Q 置位由 PT 指定的一段时间。
接通延时定时器（TON）	%DB9 “IEC_Timer_0_DB_3” TON Time IN Q <???> PT ET …	当定时器的使能端为 1 时启动该指令。定时器指令启动后开始计时。在定时器的当前值 ET 与设定值 PT 相等时，输出端 Q 输出为 ON。只要使能端的状态仍为 ON，输出端 Q 就保持输出为 ON。
断开延时定时器（TOF）	%DB10 “IEC_Timer_0_DB_4” TOF Time IN Q <???> TP ET …	当定时器的使能端为 ON 时，将输出端 Q 置位为 ON。当使能端的状态变回 OFF 时，定时器开始计时。只要 ET 的值小于 PT 的值时，则输出端 Q 就保持置位。当 ET 的值等于 PT 的值时，则将复位输出端 Q。

接通延时定时器指令

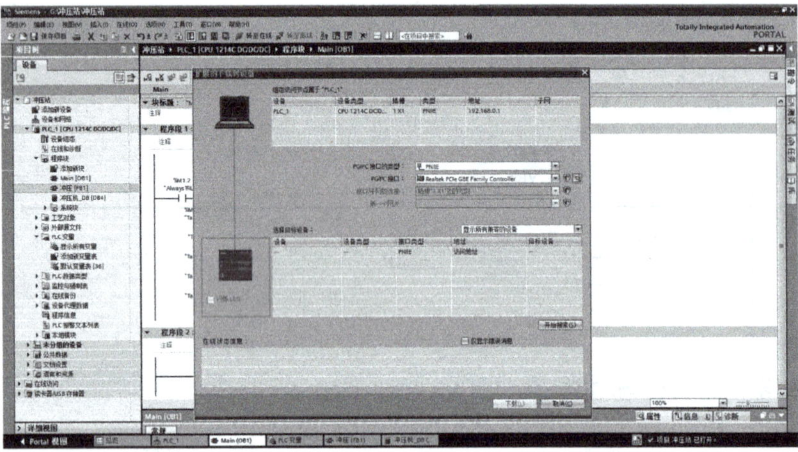

图 5-39　搜索连接的 PLC

经过搜索后，在“目标子网中的兼容设备”列表中，出现网络上的S7-1200 CPU和它的以太网地址，计算机与PLC之间的连线由断开变为接通。CPU所在方框的背景色变为实心的橙色，表示CPU进入在线状态，此时“下载”按钮变为有效状态。

2. 项目下载并启动

在“下载预览”对话框中，将“停止模块”设为“全部停止”，如图5-40所示，之后开始装载。完成后单击工具栏上的“起动CPU”图标，PLC切换到RUN模式，RUN/STOP LED变为绿色。

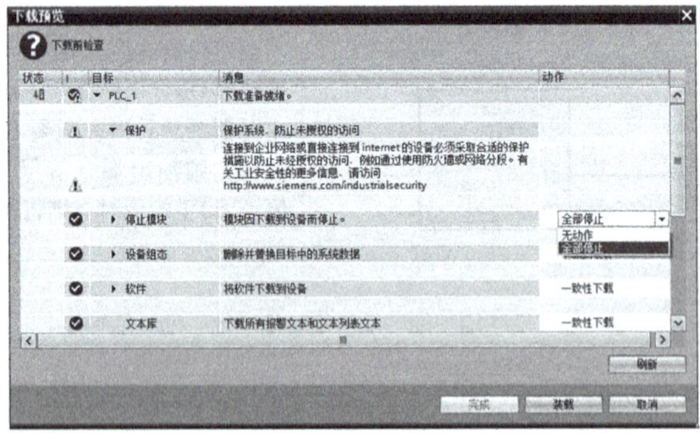

图 5-40　装载前设置

定时器指令类型与功能（续）

类型		功能
保持性接通延时定时器（TONR）	%DB11 "IEC_Timer_0_DB_5" TONR Time IN　Q R　ET <???> PT	当定时器使能端为ON时，启动定时器，记录运行时间。如果使能端变为OFF，则指令暂停计时。如果定时器的当前值ET等于设定值PT时，并且指令的使能端为ON，则定时器输出端的状态为1。若定时器的复位端为ON时，则定时器的当前值清零，输出端的状态变为OFF。

接通延时定时器（TON）应用实例

按一定频率闪烁的指示灯控制设计

控制要求：按下启动按钮，小灯以亮3s、灭2s方式闪烁，按下停止按钮，小灯停止闪烁，按照控制要求编写程序。程序段如下所示。

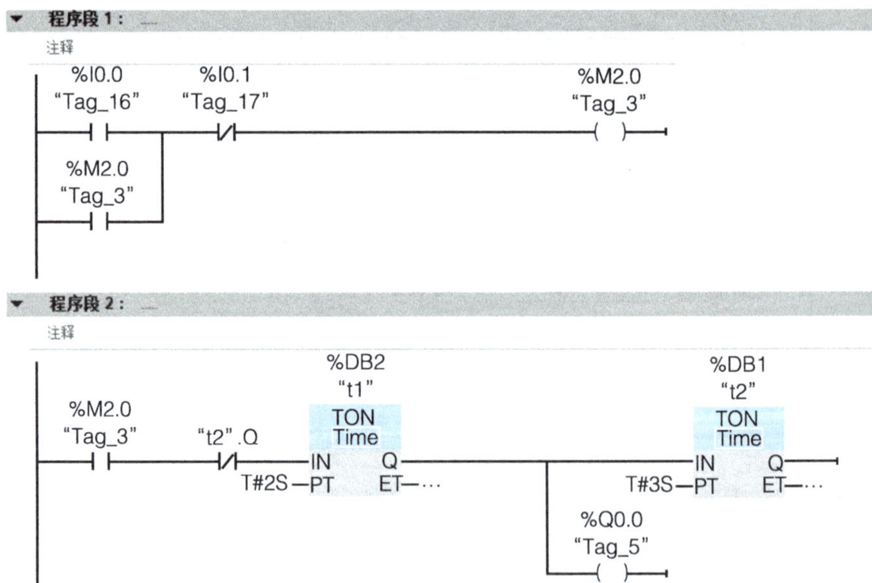

项目展示

1. 制作 PPT 汇报材料

制作 PPT 汇报材料时先列出大纲，确定重点和关键字的关联性架构，再加上创意，以数据、图标、动画等视觉工具来辅助说明。图 5–41 列出了制作 PPT 汇报材料的一般步骤与对应要求。

步骤	要求
明确汇报对象与目的	・面向全体同学与老师 ・让大家看清楚、听明白、能记住、有反馈、高评价
整理汇报思路	・展示小组完成过程，用语言、图表、视频等表达 ・重点突出完成过程中出现的问题与解决方法
收集资料填充内容	・利用标题，展现逻辑 ・文不如表，表不如图 ・通俗易懂，简单简洁
通读材料美化布局	・字体大小比例适当，字号采用44、32、28、24 ・一张PPT里最多放2张图，要美观 ・字体、色系、动画效果均不超过三种

图 5–41　制作 PPT 汇报材料的一般步骤与对应要求

2.PPT 汇报

PPT 汇报时，小组成员可有主有次，也可分工合作，要抬头挺胸，清晰表达，秉着“我做得很好”“我要让同学有收获”的态度，控制节奏与时间完成汇报。图 5–42 列出了成功汇报的关键要素。

心态	开场	表达	仪容
□	□	□	□
□ 自信	□ 开门见山	□ 语速适中	□ 整洁
□ 谦虚	□ 直奔主题	□ 音量适中	□ 得体
	□ 简洁大方	□ 吐字清晰	

图 5–42　成功汇报的关键要素

创意与创新拓展

项目中学习了冲压站一次自动冲压完成过程，如要冲压多次呢？如果要冲压三次，编程时会用到哪些基本指令呢？尝试创建程序段，将想要应用的基本指令写在左侧气泡图里，编写的程序列在右侧。

基本指令：

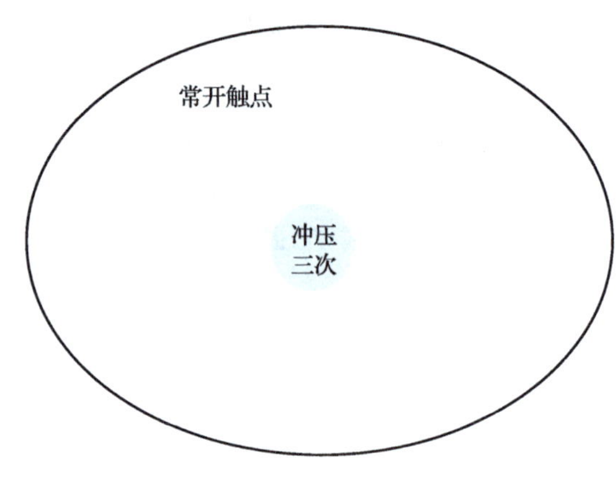

控制程序：

创客实验室　模拟自动生产线

项目发布

慧鱼铣钻双站流水作业线

自动生产线是指由自动化机器体系实现产品工艺过程的一种生产组织形式，它是在连续流水线进一步发展的基础上形成的。其特点是：加工对象自动地由一台机床传送到另一台机床，并由机床自动地进行加工、装卸、检验等；工人的任务仅是调整、监督和管理自动生产线，不参加直接操作；所有的机器设备都按统一的节拍运转，生产过程是高度连续的。自动生产线在无人干预的情况下按规定的程序或指令自动进行操作或控制，其目标是“稳、准、快”，广泛用于工业、农业、军事、科学研究、交通运输、商业、医疗、服务和家庭等方面。采用自动生产线不仅可以把人从繁重的体力劳动、部分脑力劳动以及恶劣、危险的工作环境中解放出来，而且能扩展人的器官功能，极大地提高劳动生产率，增强人类认识世界和改造世界的能力。慧鱼铣钻双站流水作业线如图 5-43 所示。

图 5-43　慧鱼铣钻双站流水作业线

现应用慧鱼铣钻双站流水作业线模拟自动生产线，要求实现如下工作过程：

1）程序起动，左侧首端传感器检测到工件，对应第一段传送带开始运行。

2）将工件移动至第一个平台，第一段传送带停止，推杆一推出，同时第二段传送带起动。

3）当工件移动至铣床位置，传送带停止，推杆一缩回，铣床电电机起动进行模拟加工，加工时长 10s。

4）铣床加工后，第二段和第三段传送带起动。

5）当工件移动至钻床位置，第三段传送带停止，钻床模拟加工，加工时长 5s。

6）钻床加工后，第三段传送带起动。

7）当工件移动至第二个平台，第三段传送带停止，推杆二推出，第四段传送带起动。

8）当传送带末端传感器检测到工件，推杆二缩回，工件抵达流水线末端，传送带停止。

至此完成一个完整的工作流程。

项目实施

1. 资讯

1）自动生产线每一单元的实现都离不开传感器、控制器与执行器，请查询资料，在下方用流程图和语言写出它们之间的关系。

2）图 5-44 是慧鱼模型常用的传感器与执行器，写出名称并将它们归类。

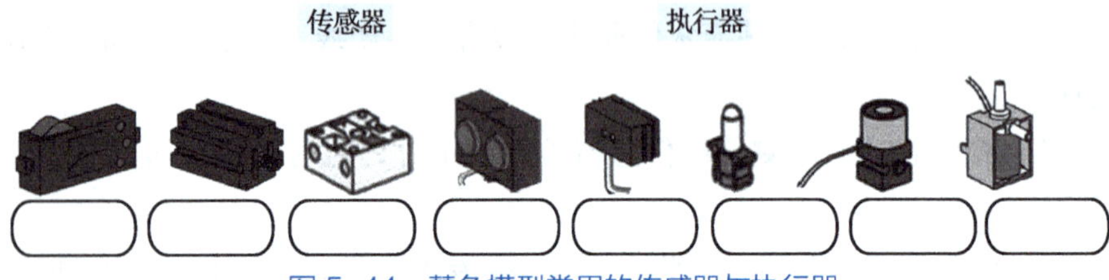

图 5-44　慧鱼模型常用的传感器与执行器

3）流水线工作站欲采用 PLC 控制器，你了解 PLC 控制器吗？如何选择合适的 PLC 机型呢？请将搜集到的资料填写在下面。

4）搜索网络资料或去市场调研，了解 PLC 控制器的主打品牌及其系列和特点。请将收集的信息填写在图 5-45 中。

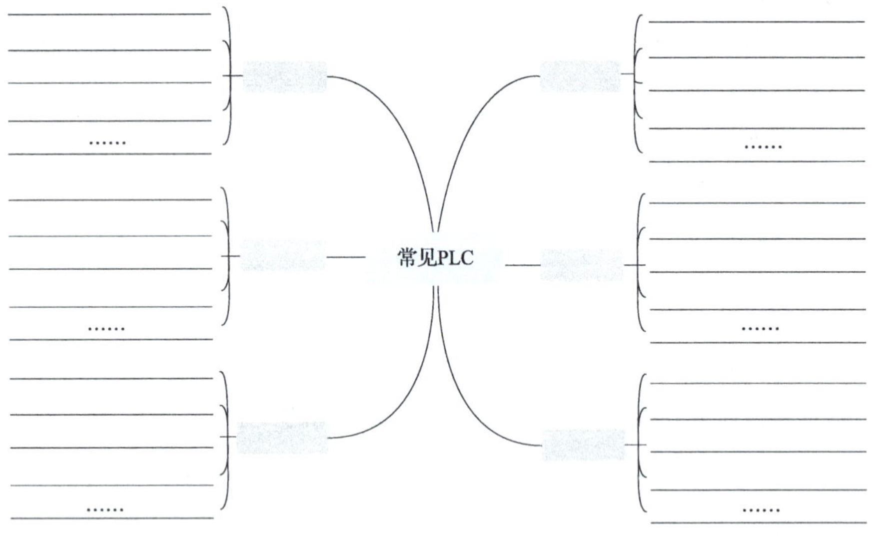

图 5-45　思维导图

2. 计划

1）观察图 5-46 中慧鱼铣钻双流水作业线的传感器和执行器，按照输入 / 输出即 I/O 形式，找出它们的位置并编号。标记的示例参考如下。

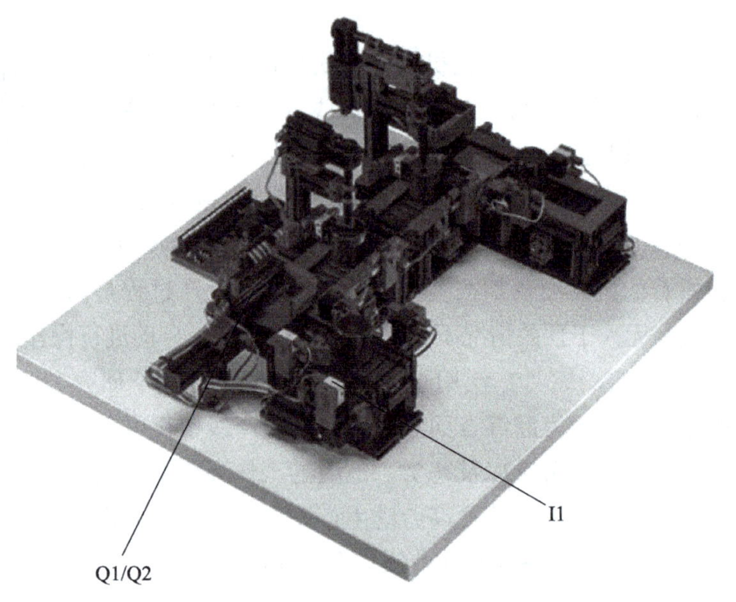

图 5-46　慧鱼铣钻双流水作业线

2）分析了常用 PLC 系列后，数数 PLC 有多少个输入输出端口，填写在图 5-47 中。

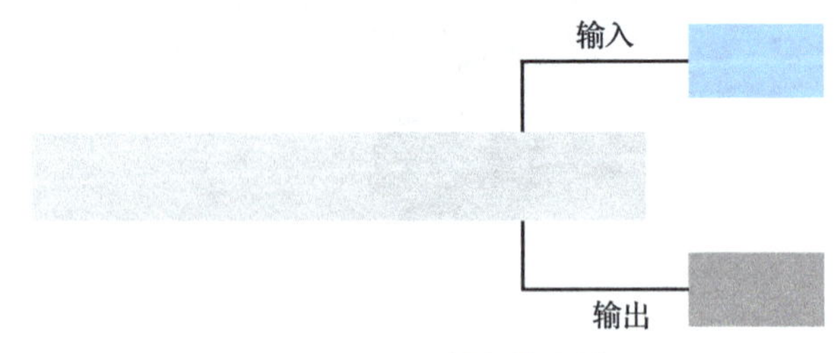

图 5-47　PLC 输入输出端口

3）依据你对传感器与执行器的标记，填写表 5-10。

表 5-10　I/O 地址分配

输入 / 输出	名称	PLC 接线
I1	传送带首端传感器	I0.1

3. 决策

各小组依据自己的决策，将项目分解后，排列顺序，规划时间及分配相应负责人，将对应信息填写在表 5-11 中。

表 5-11　项目实施计划

项目分解	时间 /h																项目负责人
	1	2	3	4	5	6	7	8	9	10	11	12	13	14	15	16	

4. 实施

1）PLC 接线是模拟自动生产线控制的关键步骤，请在表 5-12 中列出 PLC 接线过程。

表 5-12　PLC 接线过程

序号	接线步骤	准备清单（设备 / 工具 / 辅具）	接线说明	备注
1				
2				
3				
4				
5				
6				
7				
8				

2）程序设计是实现模拟自动生产线控制逻辑关系的核心步骤，请将程序设计过程写在表 5-13 中。

表 5-13　程序设计过程

序号	程序段名称	应用指令	梯形图	备注
1				
2				
3				
4				
5				
6				
7				
8				

5. 检查

在实施过程中，是否遇到困难或阻碍呢？把小组遇到的问题与解决方法整理到表 5-14 中，供其他项目实施借鉴。

表 5-14　项目实施过程记录

序号	遇到的问题	解决方法	备注
1			
2			
3			
4			
5			
6			
7			
8			
9			
10			
小组成员签字			

6. 展示

依据图 5-48 制作精美的 PPT 或展板，把小组的项目进行分享交流。

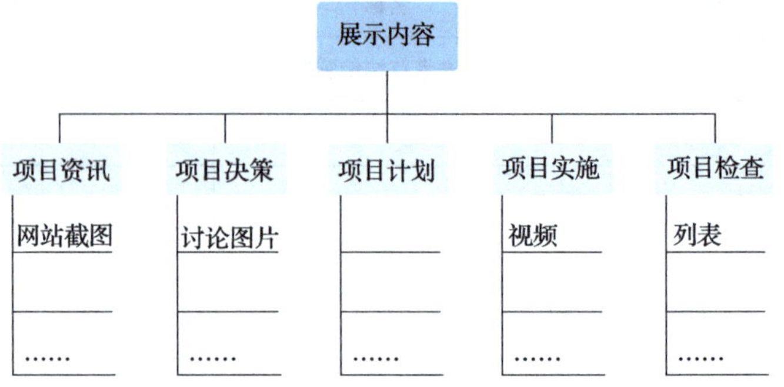

图 5-48　展示内容

项目评价

填写表 5-15，对项目进行真实有效的评价。

表 5-15 项目评价表

序号	评价内容		分值	评价结果		
				自评	组评	师评
1	资讯	资讯信息归纳整理得当	10			
2	计划	项目分解合理，计划实施性强	5			
3	决策	元件标记无缺漏，I/O 地址分配合理	5			
4	实施	规定时间内完成接线任务、接线美观，I/O 点运行正常	10			
		规定时间内完成编程任务，动作正确。编程简洁，界面美观，程序易读	15			
		可以按照项目要求实现模型功能	10			
5	检查	发现项目实施中出现的问题并给予解决	10			
6	展示	提出的展示意见被小组采纳，展示手段多样，仪表端庄得体，语言表达清晰流畅	10			
7	团队合作	参与小组讨论，提出合理建议，完成自身分工职责	5			
8	操作安全	在整个项目中可以按照正确的操作完成任务	5			
9	环境卫生	桌面、地面整洁，工具以及学习用品摆放整齐	5			
合计			100			

参 考 文 献

[1] 景维华，曹双. 机器人创新设计——基于慧鱼创意组合模型的机器人制作[M]. 北京：清华大学出版社，2014.

[2] 郑维明，李志，仰磊，等. 智能制造数字化增材制造 [M]. 北京：机械工业出版社，2021.

[3] 曹永洁，王凌云. 典型零件数控加工工艺——项目式教学法 [M]. 北京：机械工业出版社，2015.

[4] 许孔联，赵建林，刘怀兰. 数控车铣加工实操教程（中级）[M]. 北京：机械工业出版社，2021.

[5] 李玉青. 特种加工技术 [M]. 2 版. 北京：机械工业出版社，2021.